超级心理暗示力

智穷◎编著

国家一级出版社 中国纺织出版社 全国百佳图书出版单位

内 容 提 要

生活中的每个人，都不可避免地接受着来自外界或他人的暗示，也在暗示着他人。心理暗示是人类心理方面的正常活动，是心理学的核心内容之一，具有一种不可思议的魔力。

本书从专业的角度进行心理分析，深入浅出地向读者讲解如何利用积极的心理暗示获得幸福的爱情和婚姻，如何在各种场合进退自如，如何获得健康的身心，进而赢得快乐人生。

图书在版编目（CIP）数据

超级心理暗示力 / 智穷编著. —北京：中国纺织出版社，2017. 8（2025.3重印）

ISBN 978-7-5180-3819-0

Ⅰ.①超… Ⅱ.①智… Ⅲ.①自我暗示—通俗读物 Ⅳ.①B842.7-49

中国版本图书馆CIP数据核字（2017）第173279号

责任编辑：闫 星　　责任印制：储志伟

中国纺织出版社出版发行

地址：北京市朝阳区百子湾东里A407号楼 邮政编码：100124

销售电话：010－67004422 传真：010－87155801

http：//www.c-textilep.com

E-mail：faxing@c-textilep.com

中国纺织出版社天猫旗舰店

官方微博http：//weibo.com/2119887771

三河市金兆印刷装订有限公司印刷 各地新华书店经销

2017年8月第1版 2025年3月第6次印刷

开本：710×1000 1/16 印张：15

字数：220千字 定价：69.80元

前 言

preface

在生活中，不知道你是否有这样的体会：在学习氛围浓厚的图书馆，使人会不由自主地抓紧学习，而在嘈杂的广场，怎么看都看不进去；我们去商场购物，会莫名其妙地选择在电视或者媒体上出现过的产品；我们与人交谈时，当看到对方不停地看表，就知道对方想尽早结束谈话……这一系列的现象，其实都表明一点，我们无时不刻不在接受着来自外界或者他人的暗示。

那么，什么是心理暗示呢？其实心理暗示并不是什么神秘的事物，它指的是人们在受到外界或者他人的判断、信念、愿望和态度的影响而产生的心理反应，是人们在日常生活中最为常见的某种心理现象。它是以非常平和自然的方式向某个个体发出信息，然后个体在不经意中接收了这种信息，并产生心理反应的心理现象。常见的“安慰剂效应”、“影视效应”、“名牌效应”、“广告效应”等都存在暗示效应的缩影。

暗示，尤其是自我暗示，是一门新兴的学科，人们也逐渐认识到了心理暗示对人的影响，所以，暗示被应用到人们生活中的各个方面，比如，在医疗实践中，广泛利用暗示来进行心理治疗，矫正病人的身心状态。

心理暗示具有一种神奇的力量，它能由内而外彻底改变一个人。积极的暗示能激发勇气，带给我们向上的力量、潜能，并能增强一个人的自信，能助我们披荆斩棘、所向披靡、破除艰难险阻，助我们走向成功。相反，消极的暗示可以摧毁一个人的信心、扼杀一个人的天赋、才能，让人变得自卑、唯唯诺诺、怯懦，最终毫无所获。

那么，我们该怎样运用心理暗示改变自己的人生呢?

我们可以在内心注入积极的能量，丢掉消极的信念，并在心中默念正面的语言，比如“我能行”、“我一定能成功”、“我会学会的”等等。因为暗示的目的是为了调动潜意识的力量。积极的暗示能把目标变成清晰的图像，让我们精神抖擞，全力以赴。

所以，抛开那些自寻烦恼的负面暗示，并清空自己的欲望，将恐惧甩在一边，你的生活会变得更加快乐。

生活中的人们，你是否想拥有人人称羡的口才？是否想拥有能洞察人心的本领？是否想拥有完美的爱情和幸福的婚姻？是否想把孩子教育得出色又快乐？又是否想掌握让身心健康的方法呢？掌握积极心理暗示的方法，创造美好人生。

所有关于心理暗示的秘密都在本书中有所阐释，我们能清晰地看到积极的暗示和消极的暗示对人巨大的影响。本书还汇集了一些常见的暗示方法，帮助你精通暗示艺术，助你提升幸福指数。

编著者

2016年8月

目 录

contents

第 01 章

揭开心理暗示的面纱，了解什么是心理暗示

提到心理暗示，可能不少人觉得高深莫测，与我们的生活相隔甚远，其实不然，在日常生活中，我们或多或少地在接受来自他人或外界的暗示，也在暗示他人，暗示有消极暗示和积极暗示之分，而我们每个人，都在被这些消极的或者积极的暗示影响着心态、身体机能和生活状况。关于心理暗示，在本章中，我们会从两个方面了解：一方面，主导人的是心理暗示或者自我暗示，而不是人的意志力；另一方面，暗示也不是无所不能的，是存在局限性的。这就是心理暗示的全部真相。

什么是心理暗示

生活中，我们可能有这样的感触，一些刚刚出生的婴儿，把他放到床上或者摇篮里，他就开始哭起来，而如果我们抱起他，他会停止哭泣，然后我们再放下，他又会哭……孩子的表现，其实就是我们此处要提到的心理暗示，婴儿是想暗示他的父母：他想要被抱着，并且，他成功了。而且，在这一过程中，除了心理暗示以外，还有父母的自我暗示，他们暗示自己，只有把孩子抱起来，孩子才会停止哭泣，如果父母接受了孩子暗示的话，估计在很长一段时间内，他们都要抱着孩子才能睡而不能将他放到摇篮或者床上了。另外，婴儿虽小，但是他们也能感受到父母的怀抱比硬邦邦的床更舒服，也更有安全感，而且，他们认识到，啼哭能换来父母的怀抱，所以，只要他们离开父母的怀抱，就会哭泣。然而，家长总是需要工作和生活，需要安排其他事，不可能总是抱着孩子，由此另外一种情况出现了，在家长很忙时，不得不把孩子放下；孩子啼哭，他们刚开始可能会抽时间过来抱一小会儿，但后来实在没时间的情况下，就只管让孩子哭了，可是却发现，十几分钟，或者更短的时间内，孩子居然不哭了，这时孩子也逐渐认识到，再哭都没用，所以也就不会以此来换取父母的拥抱了，而这一点，是孩子从父母的行为中获得的暗示。

因此，细心的你可以发现，在生活中，对于婴幼儿而言，那些爱哭的孩子经常要求父母抱着，而不被父母抱着的孩子哭泣要少得多。

从这一生活体验中，我们理解了暗示、心理暗示和自我暗示，那么，什么是心理暗示？

心理暗示并不是什么深不可测的事物，它只不过是当人们受到来自外界或者他人的愿望、态度和信念的影响而产生的一种心理上的反应，是人们在日常生活中出现的最常见的心理现象之一。这一心理现象发生作用的过程通常是平和自然的，接收的一方也是在无意间接受这种信息的。

其实每个人或多或少地都会受到心理暗示，这也是人的基本心理特性。人类在漫长的进化过程中，逐渐形成了这种无意识的自我保护能力和学习能力。从我们来到这个世界上开始，我们就拥有这种能力，它是人的一种本能，是人们保护和塑造自我的一个强有力的武器。

在我们的生活中，无时不刻不在接受着来自外界或者他人的心理暗示。

比如，去购物时，我们的购买心理会被平日里看到的一些广告所影响，这是一种对我们潜意识的暗示，在广告不断重复的过程中，我们的潜意识也会累积这些信息，而当我们步入商场或者超市时，这些累积的信息就会被激发出来，然后影响着我们的购买行为。

再比如，学生时代，因为升学或者其他原因，到了新的学习环境中，我们的成绩会出现变化，而这一点与周围环境有着很大的关系，如果学习氛围很浓厚，我们也会努力学习，相反，我们就会怠惰，这也是暗示起了作用。心理学上的一个著名实验更能证明这一点：

曾经有一个关于A箱和B箱的实验。“A箱和B箱”是曾经在电视或研讨会上所做的表演，演示者的目的是让大家更理解潜意识在沟通上的重要性。

“请你想象一下，这里有两个箱子，A箱和B箱。”演示者用手势指示了两个想象的箱子的位置。

“请你凭直觉立刻想象其中一个箱子。”

被要求的人，会立刻回答说：“嗯，A箱。”

“为什么选择 A箱？”

“没什么，就是觉得……”演示者带着微笑，非常理解地点头。

“你以为是自己选择了A箱，其实不然——是‘我’叫你‘选择’A箱的。”

“你叫我选的？什么意思呢？”

后来，很多演示者都做过这样的心理控制实验，总是有很多自愿者参加。其实我们也可以轻易让对方选择你所指定的箱子，秘密就在于你用手势指示箱子位置的时候。我们可以先用左手指示“这里有A箱”，再用右手指示“这里是B箱”。然后放下双手。接着问：“如果要立刻选择的话，你会选择哪一个？”而在说到“立刻”时，要大胆举起左手指示A箱的位置。如此，“A箱”的印象就会跳进对方的潜意识里，被迫用直觉选择时，“A箱”较容易浮现在脑海。当然，对方在意识上完全不会察觉，所以会以为是自己无意中的选择。

这则心理学实验表明一点，人都在不自觉地接受周围的暗示。

由此，可以说，我们无时无刻不在接受心理暗示，即便你原本想抗拒。俄国著名心理学家巴普洛夫·彼得·伊凡洛维奇也认为，正是人类在不断地繁衍和变化，才有了“读懂暗示”这一结果。他认为，人类在艰苦的环境中摸爬滚打，然后逐渐形成了自我保护的意识，在危险逼近时，他们就会将以往积累的经验派上用场，帮助他们渡过难关，化险为夷。所以，心理学家称，只要那些能读懂暗示的人们，才具有更强的生命力。

心理暗示的巨大力量

前面我们已经提及过，在生活中，我们无时无刻不在接受着心理暗示，而且，我们的心理或行为也很有可能受到心理暗示的影响。另外，我们都知道，人的本性就是追求感官快乐而逃避痛苦，从这一点出发，人们也会不自觉地使用各种暗示的方法，比如，在困难中，我们会自我暗示："别担心，总会过去的。"这样，能帮助我们减轻心灵上的痛苦，更能使我们重新获得力量。在追求成功的路上，人们会努力设想自己实现目标之后的美好情景，这个美景就对人构成自我暗示，只要他们努力，就能达成美好的愿望，这样，他们就获得了动力，提高耐挫力，使他们保持积极的奋斗状态。

心理学家称，一定程度上的暗示还会引起人们心理上的变化。曾经有这样的心理实验：

在实验室里，如果给被实验者喝大量的带糖的饮料或者水，被实验者的血糖会升高，而尿量和次数也会相应增多。后来，研究者进行了新的实验：并没有给被实验者喝糖水，而只是对他们进行了语言上的暗示，而令人惊讶的是，也发生了上述生理变化。

从这一实验中，我们能得出一点，在某些特定的情况下，语言暗示也能起到实物所能起到的作用，甚至能代替实物，对人脑产生刺激，进而导致机体产生变化。比如，实验中，在被实验者未喝糖水的情况下，他们的大脑仍然参加了体内糖代谢的活动。

当然，就如同硬币一样，任何事情都存在两面性，心理暗示也分为积极的暗示和消极的暗示。所以，心理暗示产生的影响也是两方面的：消极的和积极的。

积极的暗示，就是我们能接受到的一些积极信息，进而我们的态度也开始积极起来，从中获得力量，相反，消极的暗示，给大脑输送的就是消极的消息，人的心态也随之消极，比如：自卑、焦虑、沮丧、悲观等。

现在，我们已经看到，心理暗示这一工具具备的巨大力量，它既能成就一个人，也能毁灭一个人，因此，对于我们每个人来说，了解并懂得如何使用它对我们都是非常有益的。

布鲁尼是一名癌症患者，已经到了晚期，医生宣布他只有一年的生命。在得知自己生病之前，布鲁尼的性格非常内向，过于胆小谨慎，总是担心很多东西。

后来，他在朋友的推荐下认识了一位催眠师，催眠师对其进行引导，让其逐步放松自己的身体，每次从催眠师的工作室走出来之后，他的心情格外地舒畅，都不再想那些关于疾病的事。

在接受了数十次的催眠之后，他感到自己越来越豁达，也逐渐平静和坦然地对待疾病。

后来，布鲁尼也不再去医院，他决定放弃治疗，因为到了癌症晚期，治疗也只能缓解疼痛，除此之外，没有任何用处。很久以来，布鲁尼一直很向往到世界各地走一走，看一看。当得知自己只有一年的生命时，布鲁尼毅然决然地放弃了一切身外之物，他还卖掉了自己的房子，选择了环球旅行。跟着一艘大船，布鲁尼走遍了世界各地，最后，他来到了中国。长久以来，布鲁尼一直对中国功夫很好奇，尤其是气功。

到了中国之后，他来到一个深山之内的寺庙，跟随那里潜心修行的高僧每日坐禅。经过一段时间的坐禅，布鲁尼惊讶地发现自己原本日渐衰竭的身体居然渐渐地恢复了力量。他每日跟随大师吃斋念佛，坐禅诵经，一年多过去了，他已经领悟了很多佛家的道理，精力和气色也越来越好。不过，既然已经放下了，布鲁尼并没有欣喜若狂地去医院检查自己是否已经战胜了癌细胞，而是继续在自己的最后一站——这座中国深山中的古庙里安心地吃斋念佛，坐禅诵经。

我们不得不怀疑，布鲁尼是不是已经在彻底放空自己之后战胜了癌症。当然，答案很有可能是肯定的。其实，癌症是一种心因性疾病，长期的紧张、焦虑、不安，特别容易导致癌症。反之，假如一个人积极、乐观、开朗，能够心胸豁达地面对凡尘俗世，自然就少了很多烦恼，身体也会更加健康。而布鲁尼之所以能获得身体的放松，其实与接受催眠治疗是分不开的。因为很多时候，疾病产生的来源都与压力有着莫大的关系，当一个人的身心真正释放掉压力以后，身体状况自然会好转。

实际上，一个人，无论是由于环境改变、生活状态改变而带来的压力，还是身体本身的压力而引起的疾病，催眠都能有效缓解或治疗，就像故事中的布鲁尼一样，如果他没有接受催眠治疗，也许会和其他很多癌症病人一样，带着不安、紧张和遗憾离开人世。

所以，在日常生活中，无论遇到什么，我们都要学会在内心做积极的自我暗示，永远不要对自己说：我很笨；我根本学不会；我不可能成功；我麻烦了；我真糟糕；我绝对不行，我肯定会失败；我一定赢不了……消极、负面的字眼会让你产生消极的暗示，导致消极的行为。如果你经常对自己进行积极的暗示，诸如“很快就能学会”、“我非常棒”、“我一定能赢”，这样会让你产生积极的思维和行为。

催眠是怎样起作用的

现在，来回想一下学生时代，我们是否有这样的经历：

你和往常一样来到教室，从书包中拿出课本和文具，然后翻到本节课要学习或者温故的知识，静静地等待老师前来为大家上课，你无意中看了看周围的同学，有的在看书，有的在演算题目，有的吃零食，有的在交头接耳地讲话，过了一会儿，老师走进教室，老师依然是和从前一样的打扮：规规矩矩的衬衫，虽然已经洗的发白了，但还是干干净净，你只是抬头看了看老师，就懒得再看他一眼，反正和过去每一天都一样……一节课也就这样开始了……

可能是今天的课太无聊了，也可能是窗外的什么吸引了你，你的眼神开始游离，你的视线也停留在窗外的某个地方，其实那里并没有什么好玩的事，只是你突然想起了曾经发生的一件事。那是一个阳光明媚的周末，你和朋友们一起骑车来到郊外，终于可以抛开作业和考试好好放松一下了。你们选择了一块绿油油的草坪，草地边有一条小溪，溪水清澈极了。大家从自行车上下来，放下背包，躺在草地上，太舒服了，也有一两个人脱下鞋子、卷起裤腿就下到水里，尽情地玩起水来，这时候，其中一个人一不留神，摔了个四脚朝天，躺在草坪上的人看到后都哈哈大笑起来……

正当你心里也乐开了花时，突然听到有人喊你的名字，原来是你的同桌看到你正在发呆才叫你的，他问："想什么呢，这么出神。"这时候，大概你自己也忘记了自己原本是在上课。

其实，这一段经历就是在做自我催眠，只是催眠是不需要做任何准备和刻意想象的，就和平时叙述故事一样，当一幅幅画面自然呈现在你眼前的时候，你也就轻松进入催眠状态了。在催眠和自我催眠过程中，真正起到作用的是心理暗示，以前面复述的经历为例，我们对自己做的暗示就是无需听老师讲课，而任由其他的思绪占据你的全部思维空间。

美国的心理学家罗杰斯·卡尔·兰塞姆曾经亲自用催眠法治愈一个强迫症患者。

这位患者名叫杰瑞，是某知名电脑公司的实习生。有件事很让他苦恼，他总是不敢与人对视，而是斜眼看人，为此，公司一些爱开玩笑的同事甚至给他起了个"斜眼"的绰号，他为此陷入深深地痛苦之中。

后来，罗杰斯引导杰瑞进入了催眠状态，杰瑞在催眠状态下陈述了自己的经历。还在他很小的时候，他的父母就离婚了，他由爷爷一手带大，然而，爷爷对他太严厉了，他很害怕爷爷，在一次小学五年级的测验中，他明明获得第二名，回家告诉爷爷，满心欢喜地期待爷爷的赞赏，可爷爷不但没有奖励他，还给了他一个严厉的目光。之后，杰瑞就习惯了不敢正眼看爷爷。

再到后来，他进入这家公司，总担心自己过不了实习期，所以陷入了更紧张的情绪中。庆幸的是，在杰瑞进入轻度催眠状态后，罗杰斯告诉他，其实他的爷爷很爱他，只是希望他有更好的表现才如此严厉，爷爷只是没想到自己的严厉会让你变得如此不自信。听完罗杰斯的劝导，杰瑞认真地点了点头。

但罗杰斯认为，若想治好杰瑞的强迫症，还需要一番努力。

于是，杰瑞进入中度催眠状态后，罗杰斯继续引导："我知道，你偷瞄别人并不是故意这样做，你也知道这样不好，但这样会让你舒服些，是吗？不过，以后这样的情况不会出现了。"

接下来，罗杰斯继续引导："杰瑞，现在，你可以继续偷瞄了，这样你会舒服些。"杰瑞按照罗杰斯的指令，开始做偷瞄状，表情自然。

"杰瑞，现在是不是很舒服？那你打算这一生还偷瞄别人多少次呢？你可以选择三万次、三千次，也可以是三百次。"

罗杰斯选择了三百次，并且，接下来，他在指令下继续偷瞄，直到真的完成了三百个这样的动作。

"现在，杰瑞，你一生余下的偷瞄动作都做完了，如果继续这样，你会感到头晕，也会出现腹痛的症状。"当罗杰斯说到这里的时候，杰瑞的表情十分痛苦。"现在，请告诉我，杰瑞，你的感受是什么？"

"头晕，颈部也很疼。"杰瑞的表情显得十分痛苦。

"肯定是这样的，你这一生的偷瞄动作都做完了，你再继续做下去，只会更痛苦。"

接下来，罗杰斯开始转移杰瑞的注意力，所以问他："杰瑞，你以前喜欢踢足球吗？"

"当然了，要知道，高中时代，我可是学校球队的主力……"杰瑞一边说着，一边沉浸在美好的回忆中。

"杰瑞，现在，你抬头看看，天空是不是很美？"杰瑞又点了点头。"杰瑞，你再看看周围其他的景色，是不是很美？其实当你感到紧张的时候，你可以抬头看看周围的美景，但千万不要重复同一个动作，这样你会很累的。”

罗杰斯将杰瑞从睡梦状态中唤醒后发现，杰瑞明显放松了很多。随后，杰瑞又来做了几次强化治疗，不到一个月的时间，杰瑞就重拾自信。

这一案例中，我们看到用催眠法治疗强迫症，也是罗杰斯对杰瑞的心理暗示起到了作用。

用催眠法治疗疾病，通过暗示，治疗者找到患者不合理行为表现的关键点，并在关键处帮助患者有所改变，将原有错误的自主感觉、自主判断、自主意识进行扭曲和改变。这一过程为正确思维架构的创建提供了基础，所以也就能够为治愈疾病创造条件。

在很多人的观念里面，催眠是神奇的，是一种无法触摸的神秘状态，事实情况并非如此，对催眠起作用的其实是心理暗示，要达到的目的是与人的潜意识沟通，所以，催眠是为了引导人们进入某种心理状态而已。一旦人们进入到催眠状态，对于周围人的暗示就会表现出强烈的灵敏性，如果被催眠者一直处在这种高度接受他人暗示的状态中，那么，随后他会在自己的知觉、记忆和控制中做出相应的反应，继而进入催眠状态。

心理暗示也并非万能

任何事情都是相对而不是绝对的。同样，我们认可心理暗示的巨大力量——只要你的想法够强烈，心理暗示能助你实现愿望，但心理暗示也并不是万能的，心理暗示作用成功的前提之一是必须符合常识和逻辑，比如，你不可能真的摘下天上的星星或者真的呼风唤雨，再比如，你也不可能让“外星人”

立即出现等。

那么，你可能会产生疑问，什么是符合常识呢？举个简单的例子，如果说某个人的腿因为某种原因截肢，即使你希望他长出来的愿望再强烈，也是不可能实现的，因为你的想法违背了人的生理规律。或许你会说，龙虾和章鱼的腿都有这种再生能力，但对于人来说，还没有先例。而假如你的身体某个器官出现了一些活动上的障碍或者疼痛、悲观失望等，只要你暗示自己没什么大不了的，假以时日，你的愿望终有一天会实现。这就是我们常说的，人在某种程度上是自己思想的产物。

心理医生建议，心理暗示能使人放松身心，运用暗示法来缓解人们的压力，是可以减轻和消除人身体上某些疾病的。

埃克森是一名催眠师，最近，他接待了一位75岁的中国女士，姓刘。通过催眠，彻底稳定了血压，使血压得到非常神奇的下降。

刘阿姨刚开始来的时候，血压是不吃药前170/97；吃药后血压141/91，心跳41。

刘阿姨来找埃克森的初衷很简单，她听说催眠法能降压，所以希望埃克森能帮助自己把血压降下来，也可以让自己少吃一些降压药，从而使自己的肾脏和肝脏少受些伤害。

事实证明，埃克森的治疗方法起到了作用，当他把刘阿姨送入催眠状态后，通过引导，让她的肝脏和肾脏开始恢复健康，肝脏提高过滤身体血液脂肪的能力。

第一次催眠后，在同样的时间量，刘阿姨吃过药后的血压就达到117/77。经过七次催眠，刘阿姨在不吃药的情况下，血压是140/87，药量减少了一半，血压保持在117/77。更加神奇的是，心跳从每分钟41次上升到50次。

后来，刘阿姨的案例被很多人知道，大家都想知道这个治疗的过程，对此，埃克森陈述道："在进行了催眠之前的引导后，我继续进行引导：'刘女士，现在你已经进入催眠状态了，什么都别想，只需要安心地享受催眠带给你的轻松和安宁的感觉，现在，你全身的肌肉都放松下来，不妨来一一体会下，先使你的头、颈、身体各个部位，每个地方都处于放松状态，你的周身都是舒适的感觉，现在来告诉我，你的身体是不是很舒服，你有没有觉得很轻松？’刘女士点了点头，接下来，我告诉她：‘刘女士，现在，你开始集中你的注意力，全部放到你头部的血管上，你现在十分放松，你的头部是不是轻松多了？’‘很好，现在，你的头部有一股暖流，开始慢慢流向你身体的其他每个部位，然后慢慢到你的颈部，再到你的指尖、你的腹部，慢慢再到你的脚底，你的全身都有一股暖意，你的精神逐渐放松了，现在，你的血压已经在下降了，它正在逐步接近正常值，慢慢到达正常水平。’”

当刘女士从催眠状态中清醒后，她的血压确实逐渐趋于正常值。当然，埃克森还教了她自我催眠的方法，这样，在日后的生活中，她可以经常采用这种方法来控制自己的血压，也不会再因为高血压而紧张和痛苦。

埃克森的催眠方法确实疗效很好。自此，来他工作室求助的人也越来越多。

这则案例中，埃克森正是运用心理暗示的方法来催眠了刘女士，为其治好了高血压，然而，心理暗示并不能绝对治好每个人的高血压，其实，有一个重要的原因，高血压患者没有发挥自身的努力，而是被动地接受外来的治疗。这样，就不能充分开发当事人的自我暗示能力，也就不会起到什么效果。

从这个案例中，我们可以得出的结论是，在任何不违背常识的前提下，人们头脑中的一切愿望和想法都有可能成为现实。就好比疾病，生病的时候，在脑海中注入痊愈的思想，这能对身体好转有极大的帮助。

生活中我们总是面临着各种各样的压力，有些压力虽然看不到，摸不着，但却真实地存在我们的周围。如何在家庭责任、工作及人际关系的压力中做个“走钢丝的能手”，在家庭和事业间掌控平衡、在职场自在地游弋是现代人的必修之课。面对来自各方面的压力，我们一定要懂得自我调节，比如，当遇到不如意的事情时，可以通过运动、读小说、听音乐、看电影、看电视、找朋友倾诉等方式来宣泄自己不愉快的情绪，也可以找适当的场合大声喊叫或者痛哭一场。而对于一些不会进行身心调节的人来说，他们很可能会因为压力过大而导致一些身体或者心灵上的疾病，比如头疼、高血压、胃溃疡、腹泻、关节炎、心脏病等，更严重的还有可能引发癌症。当然，这些疾病并不是直接由压力造成的，但压力过大会加速这些疾病的恶化。其实，心理暗示是一种非常普遍的现象。在生活中，我们要多运用积极、恰当的心理暗示，使人的生理功能发生良性改变，疾病症状消失，达到强身健体的目的。

不过，无论什么疾病，心理暗示和药物治疗并不冲突，而是相辅相成的。而对于一些违背常理的愿望，心理暗示是无法帮你实现的，即使主导人的是心理暗示，而不是意志力。

心理暗示的关键以及局限

提到心理暗示，如果你从来没有听说过这一名词，那么，它对于你来说可能是一门高深莫测的学问，因为任何一个新生事物刚出现的时候，人们都会对它产生陌生感，而只有等它逐渐普及开来，被众多人传诵时，似乎就变得简单了。其实心理暗示并非是某个专家或者学者的发明，而是一直存在的，只是一直以来人们都还不曾认识到它的存在，所以就显得神秘莫测，当然，也正是因为如此，我们对心理暗示的研究才更有必要。

从人类出现以后，一直在征服那些自然力量，并探索大自然的秘密，人类的许多发明创造不断地受到大自然的启示。同样，在心理领域，我们拥有一种非凡的力量，但一直以来，我们都一直视而不见，或者不够重视。

其实，人们首次认识到想法和意念的力量之大可以追溯到中世纪。伟大的思想家们发现，世界是被人们的思想主宰的，而人也被意志左右，人的精神对身体起到强大的控制作用，由此，他们慢慢开始关注这一研究领域，并且，获得了辉煌的成就。

托马斯认为，人的头脑会产生一些意念，而这些意念，就好比是对人身体发出的指令，意念的力量是强大的，甚至能改善人的身体机能、治愈某些疾病，如果我们用托马斯的话来解释心理暗示，大概是最为贴切的了。

另外，亚里士多德和毕达哥拉斯也曾教授过关于心理暗示的方法。我们都知道，在人的大脑中有神经系统，人的身体由神经系统控制，而充斥在大脑中的就是我们的思想，从这个层面上看，可以说，我们能通过思想来影响身体机制。这就正如同中世纪的思想家们说的那样，人的思想或者心理暗示是可以引起或治愈某些疾病的。

对此，亚里士多德曾很明确地说："身体之所以产生行为，是因为服从了自己的思想，而思想可以激发生命的潜能，所以，我们的身体也是可以被思想改善的，但是，任何思想，无论有多么清晰，始终无法改变一些固有的东西，比如人的手脚或者其他器官的形态。"

亚里士多德的这句话很有道理，因为心理暗示最关键的两点都囊括在这句话里：第一点，主导人的是心理暗示或者自我暗示，而不是人的意志；第二点，暗示也不是无所不能的，是存在局限性的。

不过，在我们的现实生活中，人们似乎对以上提到的这些精辟的思想论述并不感兴趣，因为他们总是认为这只是学术研究而已，而不是与我们的生活息息相关的，甚至两者完全不沾边。但事实上，了解和掌握这些生命原理，能够帮助我们更好地生活，这种暗示方法的应用范围十分广泛，我们先来看看下面的案例：

在一个矿井里，6名矿工正在井下采煤，突然，一声巨响后，矿井坍塌了，出口完全被堵住了。

这6名矿工顿时不知所措，陷入慌乱之中，但很快，他们平静下来，一言不发，凭借经验，他们意识到自己面临的最大问题是缺乏氧气，井下的空气最多还能维持3个多小时，而且，这是在应对得当的情况下。他们料想，因为矿井坍塌，矿井上方的人应该已经知道了这件事，他们要想获救，上面的人就必须重新打眼钻井才能找到他们。但是，在空气用完之前他们能获救吗？所以，这些矿工们决定尽一切努力节省氧气，于是，他们全部躺在地上，以减少体力消耗。

这3个小时成为6名矿工一生中最难熬的时间，他们中间，只有一个人佩戴了手表，他也成为了大家的焦点：过了多长时间了？还有多长时间？现在几点了？大家都不停地问他。时间被拉长了，在他们看来，2分钟的时间就像1个小时一样，每听到一次回答，他们就感到更加绝望。

领头的工人突然感觉，如果大家都这样焦虑下去，那么，还没等到走出矿井，就因为呼吸急促缺氧而丧命了。所以，他要求由戴表的人来掌握时间，每半小时通报一次，其他人一律不许再提问。大家遵守了命令。当第一个半小时过去的时候，戴表的矿工轻描淡写地说：“过了半小时了。”

戴表的矿工发现，随着时间慢慢过去，通知大家最后期限的临近也越来越艰难。于是他擅自决定不让大家死得那么痛苦，他在第二个半小时的时候，没有通知大家时间，而是又过了四十五分钟，而此时，大家是那么的相信他，谁也没有怀疑；这样，又过了一个小时，他还是说：“又是半个小时过去了。”另外5人各自都在心里计算着自己还有多少时间。表针继续走着，每过一小时大家都收到一次时间通报。

外面的人加快了营救工作，他们知道被困矿工所处的位置，他们很难在4个小时之内救出他们。4个半小时到了，最可能发生的情况是找到6名矿工的尸体。但他们发现其中竟有5人还活着，只有一个人窒息而死，他就是那个戴表的矿工。

这是发生在非洲的一个真实的故事。在人们本能的求生意识被激发的情况下，原本只能维持三个半小时生命的矿工们居然坚持了四个半小时，这就是积极暗示的力量。而那位戴表的矿工在时间逝去的“提醒”下，丧失了信心，“哀莫大于心死”，他是被消极暗示打败了。

《心理暗示术》作者埃米尔也曾说过一句流传至今的自我暗示名言：“每一天，我们都以每种方式，让自己过得越来越好”。也就是说，一个人可以通过运用想象的力量，从身体、精神和心灵上改善自己的生活。在生活与工作中，如果你懂得使用积极的暗示，可能会让生活变得更美好。

心理暗示与意志力的较量

生活中，可能你有这样的经历：某天，你去参加一个社交活动，你和你的朋友开心地聊着，这时候走过来一位美丽的女士，你过去经常见到她，对她的情况也很熟悉，甚至你去她家做过客，吃过她做的烤曲奇饼，所以你打算把她介绍给你的朋友，但是就在那时，你突然忘记了她的名字，并且，名字就在嘴边，但无论怎么努力，似乎就是想不起来，为了避免尴尬，你只能转移了话题，你懊恼极了。更让你哭笑不得的是，晚上回到家，你想洗个澡睡觉，正在你尽情地享受着沐浴的快乐时，天哪，你居然想起来了，“她就是安娜苏。”

为什么会出现这样的情况呢？

这里，我们要提到一个概念——意志力，在我们的日常生活中，可能都认为，在人的思维领域，力量最强大的应该是意志力，我们从众多的励志书籍或者名人案例中也确实领略了意志力的巨大力量，确实，意志是各种命令的发布者，当这些命令被完全执行时，在意志力被激发的情况下，每个人的潜能都会被激发出来，从而创造出巨大的价值。

然而，我们都还未认识到或者很少意识到，在我们的内心深处，还存在着一种更为强大的力量——暗示力。实际上，每当意志力与暗示力发生冲突时，获胜的往往是暗示力。生活中的每个人大概都有这样“为难”的时候——“我想做，但是做不到”，当这两者有冲突的时候，你不但不能够按照自己的想法达成所愿，反而却弄得更糟糕。

前面我们提到忘记他人名字的经历中，就是一场意志力和心理暗示的较量。

其实，在我们的生活中，这样的例子很多。相信任何人都有失眠的经历。可能你也有这样的心得：夜深了，你依然睡不着。既然如此，就不要强迫自己去睡，而只是安静地躺在床上，相信你很快就会入眠，而假如你非常想睡，告诉自己一定要努力睡着，那么，你反而会越想越睡不着，你的大脑开始兴奋起来，用“欲速则不达”这句话来形容这样的状态再贴切不过了。

此时此刻就是你的意志力和心理暗示抗战的时候了。

现在，你可以回想一下，你是不是也受到过失眠的困扰：第二天，你要参加一个非常重要的面试，很多准备工作你都做好了，现在，你告诉自己，一定要尽快入睡，以最好的状态迎接第二天的面试，必须要睡早一点。但当你躺下的时候，总是忍不住去想，如果自己晚睡一分钟的话，第二天的精力就会减少一分，于是，你总是努力控制自己，但奇怪的是，你越是努力入睡，越是睡不着。

就这样，时间一分一秒地过去了，你很烦躁，开始一会儿看一下时间，心里更烦躁，在床上辗转反侧，难以入眠。到了凌晨3点，你才稍稍有了一点睡意，但是你又在想，还有三个小时就起床了，必须要抓紧时间睡一觉，可越是这样想，越是没办法入睡，最终导致整晚彻底失眠。

除了忘记他人名字和失眠这两个例子外，我们还很有感触的是：似乎我们的大脑经常出现停顿的状态，明明已经到嘴边的话，但就是忘记要说什么。

“明明就在我嘴边的。”

“天啊，我明明要对你说什么来着，是什么呢？”

“等等，再让我想想。”

“你肯定知道我想要说什么。”

“你稍等下，我肯定能想起来。”

……

这样的情形你是否很清晰呢？我们经常在生活中出现这种情况，某些话明明就要脱口而出，但此时大脑却“卡壳”了。其实，这一过程也是心理暗示和意志力抗衡的过程，很明显，最后依旧是心理暗示胜利了。

上面我们所举出的生活案例都证明一点，心理暗示主导人类，而不是他的意志力或者意愿。在人类的思维领域内，有两层自我，显意识和潜意识。心理暗示是与潜意识相通的。我们身体的各个器官随时都在运行，但这并不是意志，也没有人能通过意志来影响身体正常的运转，但是，意志力适当休息的时候，器官并没有停止运转，所以，我们能推断出，器官的运作是在潜意识的指挥下进行的。

每当心理暗示和意志这两个层面的自我发生冲突时，最终胜利的还是潜意识层面的心理暗示，所以，我们必须要学会控制它，由自己来主宰我们自己。这虽然是一句极其简单的话，但只要你学会运用它，就能成为自己的主人。

第 02 章

你的一举一动，都有所暗示

现实生活中，我们发现，人们在说话时，总伴随有一些肢体动作，比如，人们在难过时会掩面哭泣，激动时会张大嘴巴，而开心时可能眉飞色舞，甚至手舞足蹈，在你看来，这些可能是人类毫无意义的习惯性动作，殊不知，这些看似不起眼的小动作，都有所暗示，因为身体语言能体现人们内心最深处的想法，这是最真实的感受。

从握手看一个人的心理状态

我们知道，人是这个世界上最具智慧的一种动物，人能了解许多事物，但却难于了解人本身。难于捉摸的是人的心理、人的需求、欲望和人的个体特征。但也并不是完全无从了解。

我们来回想一下，与人见面时，做的最多的动作是什么？应该是握手吧！其实，握手这个简单的动作，也暗藏玄机。美国心理学家伊莲嘉兰曾对握手的含义进行了分类，分析认为：握手有8 种类型，每种类型代表着不同的含义，显示出不同的性格。

生活中，当别人把你介绍给某人时，你实在很高兴认识对方。你用双手握着对方的手，是因为你不遵守传统习俗或社交礼仪，无论对方是男性或女性，你都会随兴亲吻和拥抱对方。有些人不太习惯你的开放作风，可能会抱怨你太过热情。但最后，这些人都大吃一惊，因为他们发现自己居然也在用同样热情的态度响应你。每一个人握手的方式多少都会有点不同，握手方式与性格有着密切的联系。

握手是社交活动和商务礼仪中不可或缺的一部分内容，虽然这里面包含了很多礼仪规则，但是，人们还是喜欢按照自己的方式来进行这个“仪式”，从人们不同的握手方式中，我们可以看出一个人内心的一些想法。我们先来看下面一个故事：

杨晓是一名刚从学校毕业的大学生，家庭环境优越的她从没吃过苦，而她却有着自己的抱负，毕业后，她选择去农村锻炼，尽管她的父母都不同意，但她还是踏上了去基层的车。

杨晓听学校的老师说，她要去的那个农村的村民都非常热情。果然，还没下车的她就看到村民和孩子们都在村口拉起了横幅迎接她，等她从车上下来，村长就凑过来，用双手紧握杨晓的手，接下来，村民们都挨个用同样的方式跟杨晓握手，杨晓都不知道怎么回应了，就只好和他们友好地拥抱，不一会儿，大家都熟稔了。杨晓心想，只有农村这样一片热土才能养育出这一方热情的人。

这则故事中，迎接杨晓的村民们都是热情十足的人，从他们握手的方式就能看出——双手握手。

我们必须要承认，看清楚一个人的性格，在社交生活中尤为重要。因为人是社会中的人，处于复杂的人际网络中，只有知道如何洞察他人并善加研究各色各样的人物，才能在人的海洋中左右逢源，游刃有余。而人际交往中最常有的动作之一——握手，就是对方性格的最好暗示，从这一点出发，我们能窥探出对方的性格特征和内心活动。

以下是八种握手方式，不知道你是哪一种呢?

1. 蜻蜓点水型

握手的时候力度非常的轻，只是轻柔地接触握着。这一类型的人随和豁达，不是一个偏执的人，非常洒脱地游戏人间，非常的谦和。

2. 双手并用型

在和人握手的时候喜欢两只手一起握住对方。这一类型的人非常的热忱温厚，心地很善良，会对朋友推心置腹，个性爱憎分明。

3. 摧筋裂骨式

在握手的时候力度很大，会紧紧抓着对方的手掌，对方甚至会感觉被挤疼了。这一类型的人是典型的精力旺盛型，自信大方，做事独断专行，但是在领导和组织方面才能出众，是个适合做领袖的人。

通常来说，那些喜欢使劲捏别人手的人，大多做起事来风风火火，也很少听从别人的意见。但是这种毫不压抑自己真实感受的做法释放了他们心中的压力。

4. 持续作战型

如果对方握着你的手，很长时间没有收回，即“持续作战型”，则表明他对你很感兴趣，想大胆直白地与你更深入地交流。但是，如果在谈判前，对方握着你的手不放，则可能是他在测验两个人之间的支配权，此时如果你先收回手，说明你没有对方有耐力，交涉时胜算不太大。

5. 规避握手型

这一类型的人会不愿意和别人握手，他们的个性比较内向，胆怯。虽然保守，但是很真挚，不会轻易地将感情付出，但是一旦有了情谊之后，这份情会比金坚，不论是对朋友还是爱人。

6. 沉稳专注型

在握手的时候力度适中，动作都很沉稳，而且两眼会看着对方，这一类人的个性都比较的坦率，很有责任感，给人很可靠的感觉。他们心思缜密，对于推理非常擅长，会经常提出一些有建设性的意见，会受到很多人的信赖。

7. 用指抓握型

在握手的时候，只用手指的部位握住对方的手掌心，不和对方有过多的接触。这一类人一般比较敏感，情绪很容易激动，但其实个性平和，心底也是善良的，有同情心。

8. 上下摇摆型

在握手的时候，紧紧握住对方并且会不断地上下摇动。这一类型的人是很乐观的人，他们对人生充满希望，因为积极热诚，所以经常会成为焦点、中心人物，受到他人仰赖。

总之，握手常表示对人友好的表现。但事实上，握手的方式不仅能影响双方下一步的关系发展成败，还能从握手中看出一个人的心理及性格特征。

对方眨眼次数明显增多背后的秘密

有人说，现代社会，尤其是在一些涉及利益的场合，每个人似乎都精明过人，都在内心打着自己的小算盘，而不愿意透露，但即便如此，也并不意味着我们无法了解他们的内心。事实上，微动作就是绝好的突破口。细心的你可曾发现，在你与对方交谈的过程中，对方会突然眨眼，并且次数频繁，这意味着什么呢？

心理学家称，眨眼这个看似很小的微表情同样透露着一个人的内心，一般来说，眨眼有三种，第一种是随意性的眨眼；第二种是保护性的眨眼，当人遇到有潜在危害性的视觉刺激如强光时会眨眼；第三种是由自主发生的眨眼。据有关研究，第三种眨眼每天约有15000次。我们先来看下面的案例：

陈曦是个聪明而且有眼力见儿的女孩，她在大学学的专业是市场营销，毕业之后，她在一家化妆品卖场担任护肤品的推销员。在上班不到一年的时间里，她就被领导提拔为销售主管，而这是由于她的销售业绩突出，在平时的销售活动中，她似乎总是能找到客户的需求，并能成功地把产品推销出去。

这个周末，卖场和其他周末一样，来了很多消费者，其中有不少俊男美女。尽管人很多，但忙碌的陈曦还是在人群中发现了一位特殊的女士：她大概三十多岁，一身简单且名贵的连衣裙。来到卖场，她一句话不说，只是不停地看护肤品。

面对这样的客户，几个推销员在得到“爱搭不理”的回应后，就不再招呼她了。而陈曦则发现这个客户有个特殊的动作——她在看推销员为其他客户介绍产品的时候，总是不停地眨眼睛，并且，她眨眼睛的频率大概都是在2-3秒。

陈曦知道这种客户一般猜疑心重，对于推销员的话不太相信，才会有这样的表情，于是她只是站在不远处，并不做过多的介绍，等这个女士抬头寻求帮助的时候，她才过去帮忙介绍产品的功能和价格。很快，这位客户购买了商品匆匆离开了。

这则销售案例中，在其他推销员无计可施的情况下，推销员陈曦并没有贸然推销，而是先观察客户，从客户的肢体语言——总是不停地眨眼睛，并不说话，判断出客户不理睬推销员是因为其疑心重，从而在客户需要帮助的时候再过去介绍产品的功能和价格，进而顺利把产品推销出去。

专业的推销员往往都是察言观色的好手，他们都能从客户的表情中知晓对方的内心活动。如果客户对你眨眼睛，而且频率非常的慢，那表明客户对你的话表示蔑视和嘲笑，也就是对你的产品介绍根本没有兴趣，如果你再继续进行下去，势必没有任何效果，而且还会引起顾客的反感。这时候就要积极地改变策略，转移话题，重新想办法说服顾客。当你发现顾客眨眼睛的频率变快的时候，说明你的说服起到了作用，客户开始动心了。

前面章节中，我们提到，在某些场合，我们的每个动作、手势都有一定的心理暗示，同样，作为心灵的窗户，眼部同样传达着很多信息，而眨眼就是其中一种，那么，眨眼这个小动作到底有什么秘密呢?

1. 眨眼频率延长：蔑视的表现

眨眼频率是人们下意识控制下的行为，如果一个人在和你谈话时，他在每次眨眼时会闭上2-3秒甚至更长的时间，那么，这表明他对你的话不感兴趣，出现了厌烦情绪等，他希望你能立即打住话题，对此，你应该知趣一点；而如若他一直闭着眼睛，那么，这说明他根本不想看见你。

2. 眨眼频率加快：感兴趣的标志

对方眼睛闪烁，说明他对你们之间的交谈兴趣浓厚。

举个很简单的例子，如果你是一个公司的领导，在一个公司会议上，所有下属好像都在认真地听你讲话，但事实上真是这样吗？当然不是，那么，你可以通过看下属们眨眼的频率来判断。

3. 从眨眼频率看他是否在撒谎

心理学家称，通常情况下，人们在正常且放松的状态下，一般人的眼睛每分钟会眨眼6–8次，每次眨眼时眼睛闭上的时间只有1/10秒。但当人们撒谎时，人们眨眼的频率会明显提高，而且闭上眼睛的时间会比正常情况长1/10秒。

总之，从一个人的眨眼频率上，我们能看出对方的内心活动，包括对方的情感好恶、是否撒谎等，了解对方眨眼背后的含义，能帮助我们做出进一步的交流措施。

无意识的口头禅暴露了什么

生活中，我们经常会有意无意地提到某个词语或者某个句子，这就是口头禅。口头禅一词来源于佛教的禅宗，本意指不去用心领悟，而把一些现成的经验挂在口头，装作有思想。这个词演变到今天，口头禅已经完全成为个人习惯用语的意思。而且，按照现代心理学的观点，口头禅其实也不是完全不“用心”的，它背后隐含着一些心理活动和心理作用。

琪琪是一名刚参加工作的营销人员，最近，公司给了她一个学习的机会，琪琪知道，抓住这次培训机会好好学习，将来必定对工作大有益处。

培训过程涉及一个销售语言的学习。琪琪是一个灵活且好学的人，所以学习进度非常快，然而，培训老师张老师发现，琪琪喜欢把“说真的”挂在嘴边。

这天课后，张老师单独找来琪琪。

“你对自己这段时间的学习效果满意吗？”

“挺好的啊，您为什么这么问？”琪琪很好奇。

“那也就是你认为自己很自信喽？那为什么你很喜欢说‘说真的’这个词呢？”

“口头禅而已，这应该不能什么说明问题吧？”

“这你就错了，一个人的口头禅是能反映一个人性格特征的，我们千万不能低估客户的观察能力，一个人喜欢说‘说真的’，其实是不自信的表现，他这样强调，就是为了让对方相信自己，我想，你应该知道自信对于一个销售人员来说有多重要吧，你自己底气不足，又怎么能说服客户呢？”

“我知道了，谢谢您，张老师，我会尽量改掉这一口头禅的……”

和故事中的琪琪一样，相信很多人都有自己的口头禅，这看似是一种语言习惯，其实是一个人个性的显现。使用不同口头禅的人，在性格特征上也是不同的，为此，我们不妨根据不同的口头禅来对我们身边的人进行划分：

1.“据说，听说”

常使用这一类口头禅的人，往往有这样一些特点：他们阅历比较广，但往往不够果断，因此，为了让自己的话不至于太过绝对、给自己留有余地，他们便常使用此类口头禅。

2.“真的，不骗你，说实话”

这种人在说话时担心听者会误解或者怀疑自己，因此，他们便急于表明自己的立场。

3.“但是，不过”

这些人说话时滴水不漏，即使发现自己说错了话，他们也能立即找出一个例外，使用“但是”加以转折，这也表明他们说话懂得留有余地，从事公共关系的人常有这类口头语，因为它的委婉意味，不致令人有冷落感。

4.“肯定嘛，必须的”

这类人往往信心十足，理智、果断，有足够的说服力，常令人信服。

5.“嗯，这个嘛，啊”

很明显，这是一些用于语言间歇的词语，常使用这类口头禅的人，往往思维反应较慢。当然，一些说话傲慢者也喜欢使用这种口头语。

6.“可能是吧、或许是吧、大概是吧”

这类人为人谨慎，行事周密，不容易得罪人，因此，人缘不错，但他们一般不会将内心的真实想法告诉别人。

著名心理学家威廉·詹姆斯说过：“播下一个行动，收获一种习惯；播下一种习惯，收获一种性格；播下一种性格，收获一种命运。”习惯性脱口而出的口头禅，其实并不是毫无意义的。口头禅反映了对某一类情形的反应模式。尤其带有消极词汇的口头禅，对认知和情绪都是一种消极暗示。所以，心理治疗师即使肯定别人，也很少说“不错”等带有双重否定的词汇。

那么，从我们自身讲，又该怎样避免口头禅为我们带来的一些负面效应呢？据有关专业人士介绍，三类对人心理健康不利的口头禅是要避免的：

第一类，“我不行的”、“我怯场的”，在生活中，尤其是在一些特殊场合，我们常常听到这样的口头禅，表面上，这只是简简单单的一两句口头禅，但却对我们的心理造成极强的负面强化作用，会导致我们形成自卑感进而不利于目的的达成，更对我们的心理健康有害。

第二类，摒弃那些能使人产生刻板印象的口头禅。从心理学角度而言，所谓刻板印象，顾名思义就是人们在社会生活中，随着某些社会经验的积累，会过多地依据这些经验为人处世、判定他人。这类口头禅很多，比如，“帅气的男人一定花心”、“十商九奸！”这些带有刻板印象的口头禅会给人们带来偏见，既不利于人际交往的和谐，也不利于身心的健康。

第三类，则是诸如“凑合着吧”、“没劲透了”、“活着真没意思”这些会传染给他人消极情绪的口头禅。不抛弃那些口头禅，则会让你在社会生活中成为不受欢迎的人。

可以说，几乎不可避免的，每个人都会有自己常用的口头禅，或许大家没有意识到，这些自己根本没注意到的习惯，已经悄悄地“出卖”了我们。为此，你不妨也从这些角度来好好分析。

喜欢叉腰的人内心大多强势

在我们生活和工作的周围，是否发现有这样一个或者一些人，他们总有个标志性动作：站在他人身边，总喜欢双手叉腰，那么，这一动作有什么个性暗示呢？对此，我们不妨先来看下面的职场故事：

某幼儿园招聘老师，这天，有两位应聘者来到了园长办公室，一男一女，看过两人的简历后，园长很满意地点了点头，因为他们都有好几年的从业经验，但两名都很优秀的应聘者让园长也犯了愁：现在幼儿园只需要一名老师，该选谁呢?

不过，丰富的识人经验让校长最终淘汰了那个看似很温柔的女孩。事后，其他很多老师不明白园长为什么这样选择。

“难道是因为幼儿园都是女老师，需要调剂一下？”有个老师这样开玩笑。

“好吧，跟你们分享一下，他们两个人都挺优秀的，但那个女孩可能不大适合和小朋友相处，在他们来到办公室后，我就留意到她的一个姿势：总是用手叉腰，即使坐下来，她还是喜欢这样，我以前阅读过一些识人心理方面的书，这类人一般都有强烈的控制欲望和支配欲。当然，我不能仅凭这个动作给一个人下定论，后来，我研究了一下，她虽然做了很多年的幼儿园老师，但在每个幼儿园的时间做的并不长，最长的也不过三个月，我想，她是一个热爱幼儿园工作的女孩，但可能在与孩子的相处过程中并不愉快吧……”

这则案例中，这名幼儿园园长是善于识人的，在发现应聘者有叉腰这一习惯性动作后，她初步判断出对方是个强势的人，然后，通过对对方简历的分析，她更确定自己的判断。的确，一个与孩子相处不好的人又怎么适合做幼儿园老师这一工作呢？

从这一案例中，我们不难得出结论，双手叉腰，双肘向外，这是古典体态语，暗示着命令，同时也意味着在与人接触中，他更希望自己可以支配别人，有强烈的领导意识。

另外，在某些场合，叉腰姿势导致了对别人的冒犯。例如，第二次世界大战结束时，在接受了日本人的投降后，道格拉斯·麦克阿瑟将军站在日本天皇旁边，拍了一张照片。天皇站在那里，小心翼翼地把双手置于身边，不敢造次，而麦克阿瑟将军把手置于髋上。日本人把这个漫不经心的姿势视为大不敬的标志。

我们可以看出，当你与别人聊天时，你的一些小动作很容易泄露你对对方的潜在态度。当然，在某些情况下，双手叉腰也能帮助我们宣誓主权和自己的立场，让我们看起来更有支配权。

人们这一动作的心理动因是什么呢？

从起源上来看，可能是源于面对敌人时，把双臂张开或者插在腰间，而扩张自己正面的面积来恐吓敌人。这只是一种猜测，但是自然界中有很多生物都是以这种方法御敌的，所以不排除这样一种假设。假设成立的话，现代人习惯性地做这种姿势，表明他是一个生活上强势的人，在各个方面或者某一方面咄咄逼人。但反过来说，这种姿势也可以传达掩饰在内心的不安和怯懦。很简单的道理，越是内心懦弱的人，越是会找出各种方法来掩饰自己，这是性格上的两个极端。这两种性格的心理动因都是相似的。

我们能总结出一点：叉腰这一动作暗示的是强势心理，有进攻意味。而生活和工作中，与喜欢叉腰的人打交道，需要根据其具体情况，找到具体的应对策略。比如，如果他是你的领导，那么，你最好顺从他，听从他的指示办事；而如果他是你的同事，那么，你不必忌惮他，不要被他的“花架子”所吓倒，你需要告诉自己：他只不过是只纸老虎，气场不足才会有这样的动作，进行这样的心理暗示，会让你更有底气。

总之，双手叉腰，在很多文化里都表示愤怒，挑衅，或者辅助质疑，在身体语言里，双手叉腰都是一种强势符号，暗示的都是要处于主要和支配地位。

眼神里传递出来的信息

人们常说，眼睛是心灵的窗户。灵魂储藏在你的心中，闪动在你的眼里。孟子在《离娄章句上》中有一段观察人的眼神来判断人心善恶的论述：“存乎人者，莫良于眸子。眸子不能掩其恶。胸中正，则眸子嘹焉；胸中不正，则眸子眊（眼睛昏花）焉。听其言也，观其眸子，人焉廋（藏匿）哉？”眼神毫不掩饰地展现了一个人的学识、品性、情操、性格等。戏剧表演家、舞蹈演员、画家、文学家、诗人都着意地研究人们的眼睛，认为它是灵魂的一面无情的镜子。

在交谈过程中，眼睛是仅次于语言的重要工具。人与人之间除了需要语言的交流，眼神的交流是必不可少的。人类的面部表情中，眼神是最为微妙复杂的，不管是用眼神表达信息，还是准确地理解别人的眼神所传达出来的信息，都非常困难。很多时候，眼神是无法掩饰的，因为它往往更能真实地表达出一个人的品质、修养以及心理状态。如果能够充分地理解别人的眼神所表达的意思，那么你就能够觉察到对方真实的内心世界，从而更好地与之交流。

陈斌是一家大型健身器材公司的业务经理，可能是由于他本身性格的关系——老实本分，不善言谈，他带领的团队业绩一直不是很理想。面临销售瓶颈，他的直属上司给他下达了“死命令”——必须做出新的销售方案，解决目前的销售问题，经过陈斌苦思冥想后终于做出了一套新方案。在他向上司汇报工作方案并征求其意见时，却没料到上司总让他自己去找解决办法。可见，陈斌的方案并没有让上司满意。令陈斌不解和气恼的是，他明显感觉到最近一段时间，上司好像跟自己有仇似的，即使是别的部门出现了一些问题，开例会的时候，上司也总是拿他出气，这些事传到下属耳朵里，让他很没面子。

陈斌思前想后，自己并未得罪过上司啊，那他为什么几次拒绝了自己的销售方案，也并不给一点意见呢？他到底想怎样？陈斌觉得自己肯定是要被炒鱿鱼了，想到这些，他就烦躁不安。于是，他决定豁出去，跟上司正式摊牌。

这天，他坐在自己的办公椅上，远远看到上司笑眯眯地进了自己的办公室，眼神都在放光，他心想，上司今天应该是遇到什么好事了，看样子心情不错。于是，他鼓足了勇气敲开了上司办公室的门，并表明自己有一些不解的问题要请教。上司请他坐下后，他告诉上司，他很喜欢这个工作，也很热爱自己的团队和公司，更希望在上司的带领下好好发展和提高自己，并把公司的销售业绩上升一个新的台阶，同时也希望自己可以帮助上司一起将公司发展壮大。上司一听陈斌有这样的想法，高兴的直点头。陈斌一看上司已经在心理上接受了自己，就开始慢慢诚恳地陈述自己最近心头的一些疑惑，希望上司能真心地帮助自己，并给自己今后的工作方案以更为明确的指示和指导。

听到这儿，上司明白了陈斌的真正来意，哈哈大笑，然后就说：“你每次让我给你提建议时总是笼统地问这个计划行不行、那个问题怎么解决，由于我不在第一线，所以没办法给你具体的指导，只好叫你自己去找办法了。”

这次开诚布公的面谈让陈斌明白了自己与上司沟通不畅的症结所在。他知道是自己诚恳自然的表达让上司了解了自己。这时，他一下子感觉到无比的轻松，原来的困惑与不安都被抛到了九霄云外。

故事中下属陈斌的做法很明显是对的，也是值得学习的。首先，他是个懂得察言观色的下属，通过观察上司的眼神，发现上司心情不错，便趁此机会与上司沟通，当他诚恳地要求主管领导一步一步、仔细具体地告诉他正确的做法和方向时，领导也进入了角色。如此开诚布公的交谈，上下级之间的关系会更紧密，于人于己都有益。

那么，不同的眼神有什么不同的含义呢？下面，让我们一起来学习。

1. 眼神能暗示一个人的自信程度

一般来说，自卑的人，眼神往往躲躲闪闪，很难长久地注视别人，一旦发现别人在注视他，就会将视线突然移开；性格内向的人，无法将视线集中在对方身上，即使偶然看对方一眼，也是一闪而过，这种人往往不善交际；相反，那些自信的人，他们的眼神是笃定的，坚定不移的。

2. 眼神能暗示一个人的专心程度

三心二意的人，听别人讲话时一边点头，一边左顾右盼，从来不把视线集中在谈话者身上，这说明倾听的人对说话的人以及说话人所说的话题不感兴趣。凝神倾听的人，总是将视线集中在对方的眼部和面部，以表示对对方的尊重和理解；心不在焉的人，注意力集中在自己正在做的事情上，非但不听对方说话，而且反应冷淡。

3. 眼神能暗示一个人的情感

如果两个人彼此心存好感，那么说话的时候往往喜欢注视对方的眼睛，以达到眼神的沟通、心灵的交流；相反，如果两个人话不投机，就会尽量避免注视对方的目光，以消除不快。此外，漠视的眼神给人一种拒人于千里之外的感觉，还有一种轻蔑的意思在里面；眯视也是不太友好的语言，给人一种睥睨和傲视的感觉。

4. 眼神能暗示出对方的精神状态

一个健康、精力充沛的人的眼睛通常明亮有力，眼睛转动灵活机警，眼光清晰、水分充足；

一个疲劳的人眼睛就会显得乏力无味、目光呆滞、眼光混浊；

一个乐观的人眼睛通常充满笑容，善意十足；

一个消极的人往往眼睛下拉，不敢正视别人的眼光。

在人际交往中，眼神的交流作用非常重要。很多时候，眼神是无法掩饰的，因为它往往更能暗示出一个人的品质、修养以及心理状态。如果能够充分地理解别人的眼神所表达的意思，那么你就能够觉察到对方真实的内心世界，从而更好地与之交流。

频繁点头的人

在这个竞争激烈的商业时代，在与人打交道的过程中，不少情况下，我们都需要与对方打心理战，从交流一开始，就进入心理角力战，临场反应很重要，我们要顺利达到自己的目标，就得掌握奥妙的人性心理，并通过语言成功操纵对方的心理。

在商务活动中，可能你曾经感到疑惑：当你侃侃而谈时，对方不停地点头，这是真的认同吗？

一般情况下，不可置否的是，“点头”表示同意，“摇头”表示否定，但实际上，点头的含义并未那么简单，它包含两方面的含义，第一，就是表示

"同意"或"关心"；第二，也可能表示"不关心"、"动摇"、"无聊"等负面感情。我们不妨先来看下面的故事：

陈建是一名图书销售人员，他很喜欢这份工作，不仅仅是因为这份工作很安静、不喧哗、不吵闹，他可以有很多时间阅读各类书籍，更因为他为很多读者推荐了适合他们的书籍，所以，很有成就感。

一天，他接到一笔订单，要和一家大型书店洽谈一笔生意，见面后，陈建发现对方负责人是一位很年轻的女孩，他心想，身为同龄人，一定有不少共同语言。

接下来，陈建并没有直接谈起购书的事，而是聊起了时尚、服装、化妆品这些话题，令陈建感到奇怪的是，对方好像是个木讷的人，尽管陈建一直侃侃而谈，她也一直在点头，但却不发一言。

肯定是哪里出了什么问题，陈建边喝咖啡边想，啊，原来点头并不是同意，而是已经不耐烦了，陈建突然想起自己在心理学书籍上看到的这段话。可能对方是个与众不同的女孩，也许对方根本对这些大众女孩们喜欢的事不感兴趣。还是把话语主动权交给对方吧。

然后，他说："你年纪轻轻就坐到这个职位了，肯定是个不简单的女孩，谈谈你的爱好吧。"听到陈建这么说，对方好像打开了话匣子一样，原来，她更关注小动物和盆景这类安静的活动，她经常去流浪动物协会帮忙做义工，家里还养了近百种花草。

"看来我没看错，你是个与众不同的女孩，你这么善良、有爱心，还心灵手巧，难怪能成为很多读者的购书导航呢。"陈建这样赞美她。

陈建注意到，对方再也没有频繁地点头了，看来自己找到了问题的症结，果然，谈话结束后，对方满脸笑意地主动提出成交，还称很乐意结交陈建这样的朋友。

我们发现，案例中的图书销售员陈建是个聪明的人，尽管在销售之初，他因为没有把握客户微动作的真正含义而差点失去一单生意，但庆幸的是他发现了问题出在哪里，然后把话语的主动权交给客户，让客户谈起了自己感兴趣的话题，打开了话匣子，从而很好地帮助顾客做了决定，完成了销售目的。

这个案例也告诉我们，有时候，点头未必是赞同、认同的意思，相反，它表示的却是不耐烦、不关心。那么，该如何分辨点头的具体含义呢？关键点在于点头的时机。例如，在一句话说完的间隙或者征求对方同意时，对方点头代表他“同意”说的话。这是他对谈话内容感兴趣的表现，也说明他在认真听。

然而，如果对方不分时机地频繁点头，则很可能说明他对谈话内容没有兴趣，或者感到厌烦。他心里可能在想:“你赶快说完吧！”，也有可能是你谈话的思路与他预先所设想的发生了偏离，他产生了动摇的情绪。他想通过点头的方式，催促其赶快把话说完，以度过这段无聊的时光。

了解了点头的心理之后，在需要的时候，我们也可以通过这种方式提醒别人注意他们所说的话。不过，当我们的内心产生“不关心”、“动摇”、“无聊”的情绪时，又不想让对方看透自己的心思，就要注意自己的点头频率了。如果无意识中频繁点头，对方就可能感受到我们的心情。

可见，一般情况下，点头表示赞同，但如果对方像鸡啄米一样不停地点头，那么，你就需要注意了，他可能对你的话根本不感兴趣，他只是希望你赶紧停止滔滔不绝的言论。

第 03 章

五彩斑斓的世界，色彩的暗示作用

每天，当我们睁开眼睛，就能接触到各种各样的颜色，这些最不起眼的颜色，让这个世界变得缤纷绚烂。这些色彩或明亮，或晦暗，画家们也一直在用他们自己对色彩的理解来诠释这个世界，而现实生活中，色彩也在有意无意地影响着人们的情绪。掌握各种色彩的心理暗示作用，能帮助我们更好地影响和掌控他人的心理。

了解各种色彩的心理暗示作用

在自然欣赏、社会活动方面，色彩在客观上是对人们的一种刺激和象征；在主观上又是一种反应与行为。色彩心理透过视觉开始，从知觉、感情到记忆、思想、意志、象征等，其反应与变化是极为复杂的。

心理学家埃卡特里娜·雷皮纳曾经这样说："很多人还完全没有意识到颜色的神奇功能。"那么，颜色是怎样起到心理暗示作用的呢？

1. 白色

白色是一个纯净、没有任何杂质的色彩，于是白色也就象征着纯洁、神圣。

在现实生活中，喜欢白色的人，往往是一个比较追求完美的人，但又有实际的一面。这一类人内心比较寂寞，他们渴望引起别人的注意和关心，甚至爱慕。他们不太喜欢别人无端的客套，所以在不熟悉的人眼里，他们是让人既爱又怕的对象。

2. 黑色

象征权威、高雅、低调、创意；也意味着执着、冷漠、防御，端视服饰的款式与风格而定。黑色为大多数主管或白领专业人士所喜爱。这一类人从表面上看可能会给人神秘、高贵以及专业的印象。但是，只要仔细观察，你就会发现，这类人多是不善于社交的人，他们无非是用黑色来掩饰自己内心的紧张、不安、自卑或恐惧。他们喜欢用黑色来让自己显得更加的冷酷，以求在无形中给对方造成一定的心理压力。

3. 红色

红色象征热情、性感、权威、自信，是个能量充沛的色彩。不过有时候会给人血腥、暴力、忌妒、控制的印象，容易造成心理压力，因此与人谈判或协商时则不宜穿红色；预期有火爆场面时，也请避免穿红色。当你想要在大型场合中展现自信与权威的时候，可以让红色单品助你一臂之力。

4. 粉色

粉色是红和白的结合，带有白和红的两种性格特点，可以说是感性与理性结合，知识与天真并存。喜爱粉色的人多是单纯天真的幻想家，有着纯洁如白纸般的心境，成天活在自己编织出来的世界里。他们比较感性，处世温和，常常想让自己呈现出年轻、有朝气的感觉，甚至希望在旁人眼中是个高贵的形象，散发着一股让人看到就很舒服的魅力，但却有强烈的逃避现实的倾向。

5. 蓝色

在我们的日常生活中，蓝色是一种相当常见的服装色彩。喜欢这类色彩的人，一般比较喜欢宁静、自然，他们无忧无虑，善于控制感情，很有责任心。同时富有见识，判断力强。这类人的个性也比较固执，往往不达目的绝不会罢休。因为这个原因，他们往往也会固执己见，听不进旁人的意见。他们不擅长交际，所以只能和志同道合的人进行小团体交流。

6. 黄色

黄色是一个心灵能量的颜色，它可以加速理想的实现，并能启发新的创意，但因为一般人不懂得如何挑选适合自己的黄色而给人一种愚蠢的印象。一个喜欢黄色的人，通常有着自己独特的见解和想法，富有高度的创作力及好奇心的人。他们心情欢畅，性格外向，精力充沛，做事自信、潇洒自如，说话也无所畏惧，不担心别人会怎么想。这类人具有冒险、追求刺激和新鲜的特征，无法忍受一成不变。

7. 绿色

绿色是生机盎然的色彩，它代表生命的诞生和延续。喜欢绿色的人个性谦虚平实，善于克制自己，不爱与人争论，心绪不易烦乱，很少有焦虑不安或忧愁之感。和善、可亲是这类人最大的特色，而且他们对于自己不喜欢的人也不会刻意地排斥或疏远。这类人道德感强烈，个性直爽，而且是聊天的理想对象。

另外，专家建议，当一个人心情不好时，最好选择穿一些色彩明亮的衣服。因为衣服的色彩也从很大程度上影响着人的情绪，也要注意适当地协调和搭配。当感到心情不愉快时，男性可以穿一件色彩明快的衣服，如浅蓝色，用以冲淡一些心理的暗沉感觉，而女性这时则可选择红色、玫瑰色、黄色和绿色等悦目的衣服来调节自己的情绪。

黄色给人温暖的感觉；蓝色让你摆脱烦躁的情绪，安静下来，遐想广阔的大海，心情也会像海一样宽广。而一身橙色的运动服，让你顿时阳光十足，充满活力。

总之，颜色有其一定的暗示语言，它不但能传递人的心理状态、意向、性格、爱好、兴趣及身份等多方面的信息，还能帮助我们起到暗示他人心理的作用，掌握这种“语言”将会为你更加准确地暗示和影响对方增加一个更大的砝码。

让人身体痊愈的神奇绿色

我们在生活中，每天都会接触到各种各样的颜色，并且我们都知道，不同的颜色有着不同的暗示作用，比如，黑色和灰色会使人心情压抑，而白色代表纯洁，红色代表热烈，那绿色有什么心理暗示作用呢？我们不妨先来看看下面的故事：

曾经有个人在一次身体检查中被查出患有恶性肿瘤，而且是中晚期，面对这个消息，他吓得浑身直抖，每天担惊受怕，采取各种药物治疗也没有任何效果，想到自己就要死了，他突然意识到自己还有很多曾经想做的事没有做，想要实现的愿望没有实现，避开喧嚣的闹市去深山老林里静修。

说做就做，他放下手头的工作和医院的治疗，背上行囊，来到一处茂密的森林里。每天，他除了吃饭睡觉就是静坐于绿树中间。尽管身患重病，但他每天都能感觉到太阳是新的，感觉自己充满了生命力。

三个月的时间很快过去了，他就要回到城市去。在回到医院前，他告诉自己，即使接近生命的尾声，也没什么好遗憾的了。但这次的检查结果令他感到意外，他的癌细胞不见了。

这个神奇的事件吸引了很多医生包括心理学专家的目光，他们纷纷对这个人进行探访，不少心理专家经过分析指出，绿色的心理催眠与他的疾病痊愈有着极其密切的关系。

这则故事中，我们不能百分之百肯定此人癌症的痊愈完全归功于绿色对其潜意识的催眠作用，但正如心理学专家指出的一样，是与绿色有着密切联系的。

不知道你是否有这样的感受，春天来临时，万物复苏，我们看到破土而出的绿色新芽时，会感到心情舒畅，哪怕原本有什么不愉快，也能平静很多，的确，绿色能给人无限的安全感受，在人际关系的协调上可扮演重要的角色。绿色代表的是和平、新鲜、舒适；不同的绿色给人的感受也是不同的，比如黄绿色给人的感受是清新、自然和快乐的，而深绿色则给人低调、沉稳的感受。

美国新奥尔良的奥施德纳诊所做过统计，统计发现，在连续求诊而入院的病人中，因情绪不好而致病者占76%。生活中，我们的心情总是或多或少地受到周围人或事的影响，当遇到不幸或者不快的事情时，心情还会因此低落。而此时，我们都可以进行“绿色治疗法”，比如去大自然中走走，感受一下新鲜绿色带给自己的视觉享受；也可以多吃一些新鲜绿色蔬菜，体会一下清新的绿色味道。这样，你会发现，你的心情会轻松很多。

在很多心理学家看来，经常接触绿色是一种极好的自我减压方式。现代社会中，每个人都承受着来自各方面的压力，高强度的工作、繁琐的生活、家人的健康以及人际交往中的问题都在无时无刻影响人们的情绪，于是，越来越多的人渴望能自我减压和放松。而“回归自然”、“亲近绿色”的魅力也被这些混迹于钢筋混凝土下的城市人发觉，他们逐渐认识到绿色的心理治疗作用。

当然，绿色也有负面的暗示作用，绿色的负面意义，暗示了隐藏、被动，不小心就会穿出没有创意、出世的感觉，在团体中容易失去参与感，所以在搭配上需要其他色彩来调和。绿色是参加任何环保、动物保育活动、休闲活动时很适合的颜色，也很适合做心灵沉潜时的穿着。

所以，无论我们遇到什么事，要想保持好心情，就要做到对自己进行积极地催眠。而绿色就有这样的心理作用。因此，无论是周末，还是闲暇时间，当你身心疲惫时，都可以去大山里、田野里走走，实在没时间，多看看窗外的绿色风景，也会让你宁静很多。

约会场所情人们钟爱的紫色

生活中，如果你足够细心，会发现，在一些情侣出入的场所，最抢眼的就是紫色，比如，紫色的纱帘、紫色的氛围灯等，那么，恋人们为何如此钟爱紫色呢？我们先来看下面这个美丽的传说：

在古时候的普罗旺斯，有个美丽的女孩。

一天，她独自在寒冷的山谷中采着含苞待放的花朵，就在回家的途中，遇见一位来自远方受伤的旅人向她问路。少女捧着满怀的花束，眼睛深情地望着这位俊俏的青年，就在那一刹间，她的心已经被青年热情奔放的笑容所占据。

后来，少女不顾家人的反对，坚持让青年留在家中的客房疗伤直到痊愈。随着日子一天一天的过去，青年的腿伤已好，两人的感情也急速加温。就在一个微凉的清晨，青年要告别离去，少女却不顾家人的反对也要随着青年远去，到远方青年开满玫瑰花的故乡。

村中的老奶奶在少女临走前，握着一把初开的薰衣草花束，让痴情的少女用这初开的薰衣草花束试探青年的真心。

据说，薰衣草花束的香气会让不洁之物现形。就在那个山谷中开满薰衣草的清晨，正当青年牵起少女的手准备远行时，少女将藏在大衣内的一把薰衣草花束丢掷在青年的身上，就这样，一阵紫色的轻烟忽聚忽散。山谷中隐隐约约地可听到冷风飕飕，像是青年在低吟着。“这就是你想远行的心啊。” 留下少女孤独的身影独自惆怅……

没多久，少女也不见踪影，有人说，她是循着花香找寻青年去了，有人说，她也被青年幻化成一缕轻烟消失在山谷中。

多么美丽凄婉的爱情故事！据说，薰衣草这种花代表了爱与承诺——如它的花语一样，等待爱情。所以，很多情侣都会在薰衣草花开的季节去感受浪漫的情怀。当然，你不必远行去普罗旺斯，在国内的很多地方，同样可以同爱人一起领略到那一抹梦幻的紫色，感受近在咫尺的异国情调。

那么，为什么薰衣草会让人产生浪漫情怀呢？心理专家称，日常生活中，异性之间的约会，选择和布置紫色的场景，更容易增进彼此之间的感情。

在生物学上，紫色是由温暖的红色和冷静的蓝色化合而成，是极佳的刺激色。在中国传统里，紫色是尊贵的颜色，如北京故宫又称为“紫禁城”，亦有所谓“紫气东来”。紫色也代表着永恒，例如紫水晶，代表了永恒与纯洁的爱。

紫色是优雅、浪漫，并且具有哲学家气质的颜色。紫色的光波最短，在自然界中较少见到，所以被引申为象征高贵的色彩。

紫色代表一种强烈的感情，因此才会有“紫色的热情”（Purple passion，直译）的说法。紫色虽不像红色那么火热，但它似乎也可以像红色那么快地烧尽所有的东西。

紫色爱情是高贵纯洁的爱情，它不看重俗气的金钱，唯一能打动它的也许只有从心而出的那份无可替代的真爱！

小芸是公司新来的员工，刚刚毕业不久，长相甜美、性格温和，公司所有的同事都很喜欢她，她总是乐于助人，当别人说“谢谢”时，她总是说：“不客气，举手之劳而已。”恰好，当她实习期结束后，领导将她和小李分到了一个小组。长期一起工作，小李渐渐对这个姑娘产生了好感，但却不知道对方怎么想。

一个周末的上午，小李在家百无聊赖，便打电话给小芸，想约她一起吃个饭、看个电影，小芸倒也爽快，就直接答应了。

“那我们去哪儿吃饭呢？我不知道你喜欢吃什么？”小李问。

“随便吧。我不挑食，怎么样都行。”

“好吧，那我来定时间和地点，一会儿传短信给你，怎么样？”

“好的，一会儿见。”

……

很快，小芸收到了小李的短信。小芸如约而至，这是一家西班牙餐厅，小李定了一个包间，当小芸踏进这间房间时，就感受到了从未有过的浪漫情怀，两个人相谈甚欢。

吃饭的时候，聊到尽兴之时，小芸问："李哥，下次我可以主动约你吗？"小芸的爽快让小李受宠若惊，他心里甭提有多高兴了，心想，人家姑娘已经主动表示好感了，自己就应该一鼓作气把小芸追到手，吃完饭后，他又带小芸看了场电影，从电影院出来，他们已经牵起了手。

自打这件事以后，小李就把小芸当成了自己的女朋友，并在自己的微博上发表了很多情感宣言，周围所有的同事都知道了这件事，这对小情侣沉浸在了他人的祝福中。

这则案例中，小李为什么可以成功把自己喜欢的女孩追到手？这是因为他使用了一种色彩暗示技巧，紫色代表浪漫，在紫色的约会场景下，女性更容易对异性产生爱意。

当然，淡紫色的浪漫不同于粉红小女孩式的，而是像隔着一层薄纱，带有高贵、神秘、高不可攀的感觉；而深紫色、艳紫色则是魅力十足、有点狂野又难以探测的华丽浪漫。若时、地、人不对，穿着紫色可能会造成高傲、矫揉造作、轻挑的错觉。当你想要与众不同，或想要表现浪漫中带着神秘感的时候可以穿紫色服饰。

让人心情抑郁的黑色

在我们的生活中，看到的最为普遍的颜色之一，就有黑色，黑色是一种具有多种不同文化意义的颜色。黑色神秘、暗藏力量。然而，一些由黑色产生的联系会是悲哀、死亡和罪恶，我们先来看看下面的案例：

在英国伦敦，有座著名的菲里埃大桥，这座大桥的桥身是黑色的。说来奇怪，自从这座大桥建成后，每年就有很多人在这里跳水自尽，后来，这些自尽的人的数量惊人，这一现象引起了伦敦皇家科学院科研人员的重视，他们开始着手追查原因，科学院的医学专家普里森博士提出这与桥身是黑色有关时，不少人还将他的提议当作笑料来议论。

在连续三年都没找出好办法的无奈情况下，英国政府接受建议，试着将黑色的桥身换掉，奇迹竟发生了：桥身自从改为蓝色后，跳桥自杀的人数当年减少了56.4%，普里森为此而声誉大增。

为什么有那么多的人在这座桥上自杀？这里，我们不难看出，原因在于菲里埃大桥的桥身颜色。黑色让这些自杀者的心情更加抑郁。黑色代表死亡和黑暗，令人产生悲哀、暗淡、伤感和压迫的感觉。

心理学家也称，黑色代表着放弃，一种最后的放弃，想穿黑色可能表明经过激烈地思想斗争之后想放弃所有的一切。黑色也将导致精神压抑和疾病发生。

那么，人们可能感到好奇的是，为什么人们的情绪、心情乃至精神状态能被颜色影响呢？这主要是因为颜色最初是来自于大自然的，比如，我们经常看到的是蓝色的天空、蔚蓝的大海、鲜红的花朵、金灿灿的麦田……看到这些与大自然先天的色彩一样的颜色，自然就会联想到与这些自然物相关的感觉体验，这是最原始的影响。这也可能是不同地域、不同国度和民族、不同性格的人对一些颜色具有共同感觉体验的原因。

因此，现代社会的人们，应该学会用色彩来调节自己的情绪。在我们心情不好和情绪低落时，最好要善用色彩，避免抑郁，具体说来，我们可以：

1. 白色

白色对易动怒的人可起到调节作用，有助于保持血压正常。孤独症、抑郁症患者不宜在白色环境中久住。

2. 粉红色

粉红色是温柔的最佳诠释，这种红与白混合的色彩，非常明朗而亮丽，粉红色意味着“似水柔情”。经实验，让发怒的人观看粉红色，情绪会很快冷静下来，因粉红色能使人的肾上腺激素分泌减少，从而使情绪趋于稳定。孤独症、精神压抑者不妨经常接触粉红色。

3. 红色

颜色鲜艳强烈，刺激和兴奋神经系统，增加肾上腺分泌和增强血液循环。这是一种较具刺激性的颜色，给人以大胆、强烈的情感，使人情绪奔放，产生热烈、活泼的情绪。但过久凝视大红色，会影响视力，易产生头晕目眩之感，心脑血管病患者一般应避免红色。卧室和书房也要避免过多地运用红色。

4. 绿色

与红色相反，绿色则可以提高人的听觉感受性，有利于思考的集中，提高工作效率，消除疲劳。还会使人减慢呼吸，降低血压，但是在精神病院里单调的颜色，特别是深绿色，容易引起精神病人的幻觉和妄想。

5. 蓝色

很容易使人想到蔚蓝的大海、晴朗的蓝天，是一种令人产生遐想的色彩，具有调节神经、镇静安神、缓解紧张情绪的作用。蓝色的灯光在治疗失眠、降低血压中有明显作用，还能减少噪声对城市居民的情绪干扰。虽然蓝色的环境让人感到幽雅宁静，但抑郁症患者过多接触蓝色，会加重病情。

6. 紫色

给人的感觉似乎是沉静的、脆弱纤细的，总给人无限浪漫的联想，追求时尚的人最推崇紫色。但大面积的紫色会使空间整体色调变深，从而产生压抑感。

不得不说，人的第一感觉就是视觉，而最先冲击我们视觉的就是色彩。

同时，人的行为之所以受到色彩的影响，是因人的行为很多时候容易受情绪的支配。因此，当我们心情不佳时，可以根据不同色彩的暗示作用来加以调节。

第 04 章

是什么出卖了你，了解人在撒谎时的各种暗示

现代社会，我们都强调人与人之间要以诚相待，但出于多种原因，人们并不敢说实话，诚然，人的嘴巴可能会说谎，而身体却永远不会说谎，因为人在撒谎时身体会有各种暗示，由此，只要我们学会解读他人的微动作和身体语言，就能把握对方的心理变化，进而了解对方想什么，最终做出顺应对方心理变化的策略。

撒谎时眼神的典型特征

在人类的感觉器官中，眼睛是最重要的器官之一。科学家经过研究证实，大脑中有80%的知识和记忆都是通过眼睛观察获得的。眼睛不仅可以读书认字、看图赏画、欣赏美景、观察人物等，还可以辨别不同的色彩和光线，再将这些视觉、形象转变成神经信号，传送给大脑，从而增强人类的记忆能力。

在人类很多下意识的行为中，眼神是无法说谎的，人在撒谎时，眼神也会不自觉地出卖他们，所以，与人打交道时，如果希望探测出对方的内心世界，从而有助于我们采取进一步的计划，可以从眼神入手，抓住对方的眼神特征，便能判断对方话语的真伪。

有一对王姓夫妇，他们已经结婚十年，早过了七年之痒之期，王先生是个体贴的男人，每年的结婚纪念日，他都会为妻子买一份礼物。但就在他们结婚的第十一个年头里，王太太明显发现王先生不大对劲，他加班的时间多了，出差的次数也多了，凭女人的直觉，她心里很清楚，丈夫可能有外遇了。于是，她准备试探一番。

这天，王先生还像往常一样，夜里十二点才回来，王太太也和往常一样为酒醉的丈夫换衣梳洗。但王先生回答太太问话的时候，眼睛不停地眨，还不敢看王太太，摆明是心虚，于是，王太太决定继续试探他。

“你今天是和老刘一起喝酒的，什么事这么开心啊。”王太太故意问。

“是啊，老刘升职了，他这么客气，非要请大家喝酒啊。”即使半醉的状态下，王先生还是很善于撒谎。

“是吗？可是我晚上八点多去逛超市的时候，明明看见老刘和大姐也在超市。”王太太故意试探性地问。

“你不说我还忘跟你说了，老刘的姐姐今天晚上刚好从国外回来了，这不得好好招待她，老刘喝到一半儿就走了。”王先生说完这番话后，深深地吸了一口气，而这一切，都被王太太看在了眼里。

“可是我今天晚上并没有看见老刘，我逗你玩呢。”王太太说。

“你、你、你……”王先生急了，他知道，这回不得不跟妻子“招供”了。

故事中的女主人公王太太很聪明，她发现丈夫不停地眨眼，并且不敢直视自己，这是撒谎的表现，接下来，她设下圈套，让丈夫往里面跳，然后通过反复问一些突发的问题来观察丈夫的应变能力，当然，王先生也是聪明的，但他聪明反被聪明误，还是不打自招，不得不承认自己撒了谎。

有关专家进行了进一步的研究，他们将被测者分为两组：第一组人自由活动10分钟，活动内容尽量简单，从而使这10分钟不会做出任何需要说谎掩盖的事；第二组人被告知一会儿提问的试题和答案放在哪儿，以便他们测试时可以用到。之后研究人员让被测者在回答问题时戴上特制的可以测试眨眼频率的仪器。

结果发现，说真话的人，眨眼频率会比一般情况微微高一些，这是因为他们怕回答不好问题而产生的焦虑情绪（显然从语气中也可以听出他们有焦虑情绪）；而对于说谎者，他们的眨眼频率变化非常明显，先是稍微下降，反映出被测者在思考如果被问到，该如何不留痕迹地撒谎，所以他们自我安慰要保持冷静，后来在正式说谎后他们眨眼频率大幅上升，此时眨眼行为是不受大脑控制的下意识行为，而谎言也暴露无遗。

当然，我们需要特别注意的是，如果无论什么情况，一个人总爱“挤眉弄眼”，则要担心他是否有“抽动症”等疾病了，最好到相关医院检查一下。

可见，从眼睛判断一个人是否撒谎，准确率会高很多。除了眨眼外，说谎者在眼神上还会有以下特征：

说谎者从不看你的眼睛：他们知道这句忠告，所以高明的说谎者会加倍专注地盯着你的眼睛，瞳孔膨胀。每个人都记得小时候妈妈的批评，“你肯定又撒谎了——我知道，因为你不敢看我的眼睛。”这教会你从很小起就知道说谎者不敢看眼睛，所以人们学会了反其道而行之以避免被发觉。实际上，欺骗者看你的时候，注意力太集中，他们的眼球开始干燥，这让他们更多地眨眼，这是个致命的信息泄露。

另外一个准确的测试是直接盯着某人眼睛的转动，人的眼球转动表明他们的大脑在工作。大部分人，当大脑正在“建筑”一个声音或图像时（换句话说，如果他们在撒谎），他们眼球的运动方向是右上方。如果人们在试图记起确实发生的事情，他们会向左上方看。这种“眼动”是一种反射动作，除非受过严格训练，否则是假装不来的。

通过以上方法，可以在一定程度上了解对方的内心。“盘问”丈夫或男朋友昨天的行踪时，对方回答：“去和客户打高尔夫球了。”此时，如果他的眼球向左上方看，说明他脑海中浮现出昨天的情景，并没有撒谎。相反，如果他的眼球向右上方看，则说明他开始想象从未出现过的场景，可以由此判断他撒了谎。

说谎者有哪些语言特征

现代社会，无论是在职场工作、商业竞争还是与人打交道时，我们都必须要了解对方内心的真实想法，只有知己知彼，才能百战不殆。而识破他人的心理并不容易，因为人们在刻意伪装时，其表情带有迷惑性，这时就需要我们懂得辨别。那些善于伪装的人可能会让你觉得毫无破绽，但事实并非如此。如果你想要去了解一个人是否在说谎，首先就要先了解伪装者通常有什么特征，通常来说，人在撒谎时的说话习惯与一般情况下是不同的。很明显，如果他闪烁其词或者回避某些问题，就说明他们在说谎。

这种做法的根据是：人们在受到刺激和威胁时，大多数都不会心平气和，他们会暴露出内心的真实想法。温斯顿·邱吉尔说过："一个人绝对不可在遇到危险的威胁时，背过身去试图逃避。若是这样做，只会使危险加倍。"因此，归根到底，"刺激"并不是真正的目的，只是一种手段。"刺激"应包含下列含意：关于刺激的问题应该是能对对方起到作用的，而不是无关痛痒的；刺激的目的是为了让对方说真话。比如，如果还是不能彻底了解到对方的脾气，对方的修养特性，或伪装很好，试探对方也是一个很好的方法，例如：你可以提出一个非常偏激的观点。看对方的反应，如果他认同你的观点，那么基本可以确定他是趋炎附势的人，不喜欢与人争辩。如果他与你讨论，那说明他有自己的主见。

美国加州大学的心理学家发现，说谎的人总会有一些无意识的行为信号。善于发现这些信号，有助于识别谎言。

那么，撒谎者会有什么语言特征呢?

（1）撒谎者会重复质问者的话作为答复。

（2）简短的答复通常是真实的。比如，"我没做"（true），"我真的没做"（false）。

（3）撒谎者不对问题做直接答复，他们会采取暗示的方式，而非直接地否定或肯定。

（4）回答问题时会补充各种不必要的细节，并且，他们对谈话过程中出现的沉默感到非常不舒服。

（5）避免使用第一人称。美国赫特福德郡大学的心理学家韦斯曼认为，人们在说谎时会本能地避免使用第一人称。比如，朋友告诉你，他的车子抛锚所以失约，他往往会说“车坏了”，而不是“我的车坏了”。

（6）含糊其辞，不强调任何事情。

（7）不自觉地提高声音。说谎时音调升高，往往是为了掩饰心虚。

（8）回避某个问题。连续问说谎者同一个问题，他很可能会恼羞成怒：“我不是已经和你说过了吗？”然后勃然大怒。他也可能对你坦白：“事情是这样的，我还是对你直说了吧。”

（9）如果你确定某人正在撒谎，那么当你转换话题时，对方会非常乐意并感到无比轻松。而正常人会对突然的话题转换感到迷惑，并希望再次回到之前的话题。

（10）撒谎者会故作幽默，极尽挖苦讽刺之能事。

一般来说，如果某人出现了以上各种迹象的一种或多种，还不能就此断定他在撒谎，应该与他平时的行为习惯进行比较之后再下结论。

总之，人们在撒谎时的语言习惯与正常说话时是不同的，他们或提高音量，或回避问题，或故作幽默，抓住这些小小的语言特征，能帮助我们分析对方是否真心。

从细节开始发问，就能找到真相

现代社会，我们一直倡导诚信原则，且强调人与人之间应该以诚相待，但我们却时常看到有违这一原则的现象出现，有些人为了自身利益不惜以欺骗他人为代价。当然，某时候，有些谎言的出发点是善意的，他们可能是为了保护某些人不受伤害。但无论是善意的谎言还是恶意的谎言，它的存在都阻隔了人与人之间真诚的关系。不管怎样，我们都要学会如何识破谎言。如果对方的谎言是善意的，我们就更加能够理解对方的苦心，避免彼此之间产生误会，有助于加深彼此之间的感情。如果对方的谎言是恶意的欺骗，那么，识破谎言则有利于保护我们自己不受伤害。那么，怎样识破谎言呢？我们都知道，任何一条谎言的存在都是不以事实为依据的，为此，撒谎者必须事先计划好，但无论如何，都会存在一定的漏洞，这就是我们识破谎言的入口。

我们可以多提出一些细节问题，对方便会在不知不觉中暴露。我们先来看看下面这样一个爱情故事：

伊恩和琳达已经相恋五年，长时间以来，琳达都对伊恩十分不满，因为她认为伊恩是一个胆小怕事的男人，生活中的大小事，伊恩都会让琳达先试一试。

有一次，两人出海游玩，但就在他们准备返航时，却遇到了飓风，他们乘坐的小艇被飓风无情地摧毁了，在危急时刻，幸亏琳达抓住了一块木板，两个人才得已保住了性命。面对着一望无际的大海，琳达问伊恩："你害怕吗？"听到琳达这么问，伊恩却一反常态，表现得非常英勇，他从怀中掏出一把水果刀，一本正经地说："害怕，但我必须保护你。如果真的遇到鲨鱼，我就用这个来对付它。"看着那个小小的水果刀，琳达不禁摇头苦笑。

后来，他们看到了一艘轮船，便急忙求救，正当他们欣喜若狂时，看见不远处有一只鲨鱼，琳达赶紧对伊恩说："伊恩，赶紧用力游，我们一定会没事的！"想不到的是，伊恩突然用力把琳达推进海里，独自扒着木板朝轮船奋力游去，并且大声喊道："亲爱的，这次让我先试！"琳达惊呆了，望着伊恩的背影，眼泪不禁流了下来，这一刻，琳达彻底绝望了。鲨鱼正在靠近，但是，让人惊讶的一幕发生了，鲨鱼径直向伊恩游去，而并没有像琳达担心的那样冲向琳达。鲨鱼凶猛地撕咬着伊恩，血水瞬间蔓延开来，在最后的时刻，伊恩竭尽全力地冲琳达喊道：“我爱你！”

因为鲨鱼冲向了伊恩，所以琳达获救了。甲板上的人都在默哀，船长坐到琳达身边说：“小姐，你的男友是我所见过最勇敢的人。我们为他祈祷，希望他在天堂里没有痛苦！”“勇敢？他是个胆小鬼！”琳达伤心地说：“他在危急时刻抛下我独自逃生……”船长惊讶地张大了嘴巴：“为了救你，他牺牲了自己的生命，你怎么能这样说他呢？”琳达疑惑地看着船长，船长接着说：“刚才，我一直在用望远镜观察你们的情况，难道你不纳闷为什么鲨鱼对近处的你不闻不问，而径直地游向远方的他吗？原因其实很简单，我清楚地看到他把你推开后，用刀子割破了自己的手腕。大家都知道，鲨鱼对血腥味很敏感。假如不是因为他这样做来争取时间，恐怕你现在早就已经葬身鱼腹了……”

看完这个故事，我们不禁会被伊恩对琳达深深的爱而感动，也为琳达对伊恩的误解而感到遗憾。幸运的是，有一位船长亲眼目睹了事情的真相，否则，琳达岂不是要误会伊恩一生？

在现实生活中，不会总有这么一位明察秋毫的船长来为我们揭发真相，所以我们必须清楚地意识到：很多时候，眼睛看到的事情未必都是真的。要想知道真相，我们就必须去探究事情的细节，这样才能理清事实，查明真相。

不管是事先预谋好的，还是临时决定的，撒谎者都只能编造大概的情节，却很难编造完美无瑕的细节。因此，我们可以从细节着手去瓦解对方的谎言。

通常，人们为了圆谎，都会在撒谎之前预先编造好情节，这样才能在别人询问的时候从容应对。当然，也不排除有很多人是临时决定撒谎的，这样一来，没有经过缜密的思考，漏洞就会更多了。大多时候，只有亲身经历过的事情，人们才能说出详实确切的细节。而撒谎者，因为是捏造的，所以根本不可能像亲身经历过那般对细节问题确凿无疑。

举个很简单的例子，丈夫可能会撒谎骗妻子说昨晚之所以没有回家是因为加班，但是，当妻子问及和谁一起加班时，他往往很难回答，因为他并没有真的加班，所以不敢随便说出和谁一起加班，以免妻子去核实。这时，他往往含糊其辞，顾左右而言他。此时，妻子就要警惕了。反之，如果他没有撒谎，一定会毫不迟疑地告诉妻子自己是和谁一起加班的。这就是细节的绝妙之处，很难伪造。难怪人们常说，如果你撒了一个谎，就要再撒很多谎来圆这个谎。

总而言之，为了证实真相，我们一定要展开细节询问，这样才能识破谎言。事实上，很多人都不喜欢别人骗自己，不管是善意的谎言，还是恶意的谎言。所以，无论什么事都要真诚以待。

撒谎的人总喜欢摸鼻子

我们都知道，人的面部五官包括眼睛、鼻子、耳朵、嘴巴、眉毛等，眼睛是心灵的窗户，眉毛很灵活，嘴巴很灵巧，而鼻子呢？相比之下，除了耳朵之外，鼻子的表情是最少的。绝大多数人都知道以下列举的这些鼻子的生理功能：鼻子，位于面部的中间位置，是面部的制高点。鼻子有两个鼻孔，鼻孔中有许多鼻毛，不仅守卫着人体的呼吸道，用鼻毛阻挡灰尘的入侵，保证气管和肺部的清洁，而且能对吸入的冷空气进行加温，以减轻冷空气对气管的刺激。

不过，鼻子还能表情达意，这就并非鲜为人知了。在人的五官中，鼻子和耳朵是最缺乏活动的部位。因此，很难从观察静态的鼻子中读懂对方的心理。但是鼻子也有自己的“语言”，美国芝加哥的嗅觉与味觉治疗与研究基金会的科学家们发现，当人们撒谎的时候，一种名为儿茶酚胺的化学物质就会被释放出来，从而引起鼻腔内部的细胞肿胀。科学家还通过可以显示身体内部血液流量的特殊成像仪器，揭示出血压也会因为撒谎而上升。也就是说，一般情况下，那些喜欢撒谎的人都喜欢摸鼻子。

这是一个妻子看完美剧《别对我撒谎》后的描述：

这是我看过的最有意思的一部美剧，在看完它之后，我开始用电视剧里提到的各种方法来分析我老公说话时的动作和语气等，以此来探知他是否在对我撒谎。我记得上周五，那天傍晚，他打电话回家说要加班，我听出来他说话的语气不对，分明是在撒谎，语气里闪烁其词。可是，我装作不知道，我看看他有什么要隐瞒的。

于是，我准备给他来个突然袭击，便来到他单位楼下等着，他出来后，我就继续跟踪他。我发现，他原来只是跟他的那些酒肉朋友去聚会了，他瞒着我，大概是因为我不喜欢那些人吧。晚上他回到家，我假装什么都不知道，拉过他的手问他："今天是不是很辛苦？工作完成了吗？"他摸了摸自己的鼻子，说："我努力工作都是为了让你过上更好的生活，不辛苦。"

这位女士是大度的，在对于生活中丈夫的一些无伤大雅的谎言并不介意。的确，如果我们都能检讨一下对方为何要对自己说谎，让自己也更加完善。不过，若是在原则性问题上撒谎，你就要判断是否要采取进一步的措施了。

美国芝加哥科学家们发现，显示人们的鼻子在撒谎过程中会因为血液流量上升而增大，血压上升导致鼻子膨胀，从而引发鼻腔的神经末梢传递出刺痒的感觉，于是人们只能频繁地用手摩擦鼻子以舒缓发痒的症状。因此，说谎的人往往非常喜欢触摸自己的鼻子。

我们再来看下面的故事：

小张是刚到公司的新员工，新人新气象，本来他应该努力工作，然而，小张却喜欢小偷小摸，最终被同事识破，十分难堪。

这天，当大家下班后，小张还想在办公室上一会儿网。正巧，他看见主任办公室的门还开着，好奇心驱使他悄悄地进去看了一下。巧的是，办公桌的抽屉并没有上锁，里面放着厚厚的一叠钱。面对金钱的诱惑，小张还是没能抵挡得住，于是，他顺手牵羊，拿走了几张百元大钞。而且，他很有自信地认为，没有人会发现。

但实际情况并非如此，第二天一大早，主任就在办公室嚷嚷起来："你们谁偷了我办公室的钱？办公室怎么还有这样偷偷摸摸的人啊……"但没有一人承认，其实，主任也听说小张的手脚不大干净，但没有证据，也不能说明什么。这时候，主任秘书小王想出了一个办法，能知道钱到底是不是小张偷的。

下班后，小王看见小张要离开公司，赶紧追上去问："今天下班去干什么呀？不回家陪女朋友？"小王故意试探性地问。

"她在老家呢，不需要我陪。"小王分明看见，小张在说这句话的时候，下意识地摸了一下自己的鼻子，他明白，这是一个人在心虚时常会做的动作，恐怕小偷就是小张这件事八九不离十了，于是，他接着试探道：

"哦，对了，刘主任的钱被偷了，你知道吧，也不知道谁干的，每个人好像都有不在场的证据，我昨天和刘主任一起出的门，周大姐也说跟你一起下班的，真不知道是谁干的。"小王在说这些话的时候，偷偷看了一下小张的反应，果然，小张很慌张地接过话茬："是啊，周大姐还跟我一起去喝了杯东西呢。"

"嗯，周大姐也说是你请他喝了一杯柠檬水呢……"小王就和小张这么聊着聊着一起离开了公司。

后来，两人快分开的时候，小王突然问："小张，昨天你和周大姐喝的什么呀？"

"苹果汁啊，我最爱这个了。"小张随口一答，说完，他才意识到自己说错话了。

秘书小王让偷钱的小张不打自招的秘诀在于：他首先试探小张，发现他摸了自己的鼻子，这是撒谎时会做出的下意识动作。接下来，他再编造出了周大姐这个中间人，故意为小张制造出一个不在场的证据，而当小张对自己放松警惕时，他再问同样的问题时，小张却回答得前后不一致。最终，小张不打自招，也只好承认偷钱的事实。

西班牙研究者发现，人说谎时脸部会变红，鼻子会发热，甚至还会有一点膨胀。说谎者会觉得鼻子不舒服，不经意地触摸它。说谎者的回答还会变得简短，伴有摆弄手指、下意识地抚摸身体某一部位等细微动作。

可见，观察是否摸鼻子确实是一个有效的辅助我们鉴定对方是否说谎的手段，当然，我们不能就因此断定什么。要记住这样一个规则：单纯的鼻子发痒往往只会引发人们反复摩擦鼻子这个单一的手势，而和人们整个对话的内容、频率和节奏没有任何联系；但如果这之间存在某种联系，你就必须对他的谈话内容加以警惕了。

口是心非的人爱抓耳挠腮

我们都知道，语言的沟通是双向的，任何单向的都不叫沟通。而我们更为严重的错误认识是，沟通仅仅只能通过语言来传递，其实，很多时候，一些非口头语言也是沟通的重要方式。

非口头语言包含的内容非常丰富，当然包括肢体语言，包括我们的动作、表情、眼神，实际上，在我们的声音里也包含着非常丰富的肢体语言。我们在说每一句话的时候，用什么样的声调去说，用什么样的抑扬顿挫去说等，这都是肢体语言的一部分。还有一些非口头语言，比如动作和行为等。

与人交谈的过程中，我们若想了解他人真实的想法，就需要从多方面考察。事实上，如果一个人对你说："我非常理解你的心情。"同时，我们看见他在抓耳挠腮，那么，不要被他的话欺骗了，这是口是心非的表现。他这一动作已经暴露了他心中的秘密。

心理学家研究发现，人们抓挠脖子一般是用食指抓挠脖子的侧面或者耳垂下方那块区域，而且食指运动的次数一般为五次左右。而这个动作代表的意思一般是对于所说话语的不确定或不安。

小张是一名机械设备推销员，最近，她与一位要批量购买产品的客户已经进行过多次洽谈，对方也派过技术人员来验过货，可就是迟迟不愿成交，张小姐心想：如果再不主动出击，时间消耗的越久，客户购买的可能性越低。于是，张小姐决定主动打消客户的顾虑，这天，张小姐来到客户的公司。

见到对方负责人郑经理以后，她立即热情地说："郑经理，您知道的，这一型号的设备，我们公司的产品是最一流的，您现在考虑得怎么样了？"

"嗯，是吧……"对方冷冷地说道。张小姐注意到，对方在说这句话的时候，做了一个下意识的动作，用手指轻轻地抚摸了几次颈部，张小姐明白，郑经理虽然嘴上认可自己的话，但内心肯定还是很有顾虑的，于是，就产品性能问题，张小姐继续说：

"我能理解您的想法，虽然我向您保证我们公司的产品性能属于业界一流，估计您也向同行打听过，不过在您没有亲眼见到我们公司的规模和生产状况前，存在这种担心和顾虑是人之常情，为公司采购需要认真、负责，不能出半点纰漏，不然会影响到公司运营的。"张小姐语重心长地说。

"是啊，真难得你能理解我的想法……"

"对于我们公司的设备，您大可以放心。您也派技术人员来试用过，我想知道您还担心哪些方面的问题呢？"

郑经理说道："其实我们急需一批这样的产品，对于你们公司本身的生产能力及产品质量我已经没有什么可顾虑的了，不过我担心的是你们能否在合同签订的15天之内就将产品全部发到指定地点。"

听到郑经理这样说，张小姐马上说："原来您担心的是这个啊，您稍等，我马上打电话让秘书为您传真一份资料。”

一分钟后，张小姐对郑经理说：“我给您传真的是我们公司专门针对紧急订货的客户制订的‘快速订货通道’，通过‘快速订货通道’，我们公司可以按照您的要求送货到指定地点，只要您能按照要求及时支付货款，之后就可以凭单取货了……”

听到张小姐这样说，郑经理松了一口气，认真思考了一会儿，他对张小姐说：“明天我会到贵公司签合同。”

这里，我们发现，张小姐在和客户沟通时之所以能成功打消客户的异议，就是因为她懂得从客户的小动作探查客户的内心活动——表面上看，客户认同张小姐说的“这一型号的设备，我们公司的产品是最一流的”这句话，但实际上，他用手指抚摸颈部的动作已经出卖了他的真心，其实，他对张小姐的话还是很怀疑的。于是，在接下来的沟通中，张小姐便围绕这一问题进行阐述，站在客户的角度，以真诚的话表达了对客户心情的理解，迅速拉近了与客户的心理距离，取得客户的信任之后，她再了解客户顾虑的原因就容易得多了。

事实上，与人交涉，即便遇到对方抓耳挠腮、说谎话的态度时，我们依然可以积极应对。就比如，向上级提出升职加薪或者某些建设性的工作意见时，要做到多用事实性论据，如数字、权威报道等；而面对那些爱撒谎的人，我们应该秉持宽容的态度去理解，也许他是有苦衷的，并且鼓励对方说出心口一致的话，但是，如果对方总是口是心非、以撒谎为乐呢？那么，你要做的就是放弃他，别犹豫！否则，你只能生活在猜忌和谎言中，那会让你苦不堪言！

总之，在现实生活中，我们也会遇上口是心非的人，他们的招牌动作就是抓耳挠腮，你可以一次能辨别出来，但不可能每次都细心斟酌，对于那些爱撒谎的人，理智的做法应该是放弃这个口是心非者！

别去拆穿那些善意和美丽的谎言

提到谎言，我们常常会联想到“欺骗”、“不诚”的行为等，这些都是我们无法接受的，因为“谎言”之所以称为“谎言”，是因为它是虚假的、不真实的、骗人的话语。做人的基本原则就是诚信，也只有这样，才能获得别人的信任，一个人如果经常有谎言流于口中，从而去哄骗他人，久而久之，他的人格就会受到周围人的怀疑。

“狼来了”的故事，我们都听过：

从前，有个放羊娃，每天都去山上放羊。

一天，他觉得十分无聊，就想了个捉弄大家寻开心的主意。他向着山下正在种田的农夫们大声喊：“狼来了！狼来了！救命啊！”

农夫们听到喊声急忙拿着锄头和镰刀往山上跑，他们边跑边喊：“不要怕，孩子，我们来帮你打恶狼！”

农夫们气喘吁吁地赶到山上一看，连狼的影子也没有！放羊娃哈哈大笑：“真有意思，你们上当了！”农夫们生气地走了。

第二天，放羊娃故伎重演，善良的农夫们又冲上来帮他打狼，可还是没有见到狼的影子。

放羊娃笑得直不起腰：“哈哈！你们又上当了！哈哈！”

大伙儿对放羊娃一而再再而三地说谎十分生气，从此再也不相信他的话了。

过了几天，狼真的来了，一下子闯进了羊群。放羊娃害怕极了，拼命地向农夫们喊：“狼来了！狼来了！快救命呀！狼真的来了！”

农夫们听到他的喊声，以为他又在说谎，大家都不理睬，没有人去帮他，结果放羊娃的许多羊都被狼咬死了。

从这个故事中，我们学到了做人的道理，为人必须诚实，这是对他人的尊重，也是获得信任的前提条件。社交生活中也是如此，没有人愿意活在他人的欺骗和谎言中。但万事没有绝对，针对恶意的谎言，我们绝对要拆穿，但如果对方的谎言是善意的，我们就应另当别论，甚至应该为对方守住这个美丽的谎言，你会因此获得感激和他人的信任。

出于美好愿望的谎言，是人生的滋养品，也是信念的源动力。我们要记住，如果开诚布公、直截了当是一种错误，你不妨选择谎言；如果真情告白、坦率无忌是一种伤害，你不妨选择谎言；如果谎言能减少对方的痛苦和忧伤，多一点谎言又有何妨？

人生在世，谁都有一些不愿被提及的事，可能涉及自尊、面子和亲情等，为此，他们可能会撒谎，将事情的真相掩盖过去，对此，我们要给予理解，这并不是纵容谎言，而是成全对方，并不有碍于诚信，相反，这样，更容易得到对方的信任。

约翰和往常的每个周末一样，先去银行取钱，然后去市区买点家用的东西，而同时，他还会给地铁里所谓的那个“艺术家”十美元。

那是一个四十来岁的男人，虽然潦倒，但似乎和其他的乞讨者不一样，他收拾的很干净，也不说任何乞求路人给钱的话，只是身边放着一把吉他，偶尔有路人施舍一点钱，但奇怪的是，约翰每周从这儿经过的时候，都会给他十美元，似乎，这已经成了一种习惯。

但这次，当约翰进入地铁后，那个男人不见了。

在接下来的一个月时间，约翰再也没见到那个男人，约翰想，他是不是换地方了，还是因为生病，不幸去世了？

当约翰在地铁里徘徊，寻找那个熟悉的身影时，一个陌生男人对他说：“我们老板找您，这一年来，你一共给了他五百多美元，他很感激你，而你和其他施舍者不一样，您知道他自尊心很强，那把吉他只是个借口，而正是您的鼓励，他才能有勇气重新返回商界。请您跟我来。”

原来，那个乞讨者，是因为生意失败而落魄潦倒，但在商业伙伴的帮助下，他很快重振雄风。

从此，约翰多了一个上流社会的朋友。当他向其他同事和朋友叙说这件事的时候，大家都觉得很离奇。

其实，约翰看穿了那个乞讨者的谎言，那把吉他只不过是个虚设，事实上，这是一个美丽的谎言，但约翰并没有拆穿他，而这，维护了那个男人的自尊，让他有勇气重新来过。

生活中有这样一句话：善意的谎言是美丽的。当我们身边的朋友为了他人的幸福和希望适度地撒一些小谎的时候，谎言即变为理解、尊重和宽容，具有神奇的力量，这样的谎言，我们不该拆穿；当我们的老师为了鼓励成绩差的同学而故意撒些小谎的时候，我们也不该拆穿；当我们发现交际圈中某些人有生理缺陷，而故意采取一些遮掩措施时，我们更不该拆穿……相反，如果我们帮对方守住这个小秘密，还会让对方感觉到我们的善解人意，因此非常感激我们，无疑，这是加深彼此感情的有效方式。通常情况下，拥有共同秘密的两个人的关系是非比寻常的。

第 05 章

增强身体自愈力，心理暗示可以治疗疾病

现代社会，几乎每个人都受到来自工作和生活压力的困扰，适当的压力可以激发我们更好地努力和前进，但一旦压力过度，就会影响到我们的身心健康，其中不少疾病，诸如神经症、焦虑、精神性头痛等，都与压力过大有着极为密切的关系，而心理暗示能起到减少或者解除这些压力的作用。

自我暗示能帮你赶走抑郁的阴霾

生活中，当我们有如下三大主要症状：情绪低落、思维迟缓和运动抑制的时候，我们一定要引起重视，这表明你抑郁了。抑郁会严重困扰患者的生活和工作，给家庭和社会带来沉重的负担，严重的还会导致抑郁症。抑郁赶走了我们的积极情绪，使我们对周围的人丧失了爱。我们感到自己死气沉沉，缺乏生气。正如某个抑郁病人所说的："我感到自己是一个空壳。"约15%的抑郁症患者死于自杀。有个抑郁症痊愈者曾经这样陈述自己的经历：

"我从不认为自己很差，从整体上讲，我不认为自己很糟糕，但我觉得自己像'白开水'。我感觉自己既不是很可爱也不是不可爱，我觉得自己没有任何特别的地方。小时候，我常受到父母的忽视。他们从未虐待过我，也没有关注过我。由于生活中没有人在乎过我，这使我产生了空虚感。"

很明显，如果我们长期被抑郁的情绪控制的话，生活将会失去光彩。抑郁的表现形式各有不同，但具体来说，有以下表现：

（1）大部分时间感到沮丧或忧愁。

（2）缺乏活力，总是感到累。

（3）对以前喜欢做的事情缺乏兴趣。

（4）体重急剧增加或急剧下降。

（5）睡眠方式的巨大改变（不能入睡、长睡不醒，或很早起床）。

（6）有犯罪感或无用感。

（7）无法解释的疼痛（甚至身体上没有任何毛病）。

（8）悲观或漠然（对现在和将来的任何事情都毫不关心）。

（9）有死亡或自杀的想法。

那么，抑郁症该怎样治疗呢?

心理专家认为，能否敞开心扉是抑郁症患者能否摆脱抑郁的关键。而抑郁症患者为什么很难做到这一点？因为他们有某种心灵上的顾忌，他们不愿意承认自己有抑郁症，更别说去积极主动的配合医生治疗。

其实，患者自己也可以运用自我暗示的方法来改善心理状态。

考研的成绩下来了，林鹏只差了一分，而被清华大学拒之门外。当他得知这个消息的时候，心痛的说不出话来。这一年，他付出了太多的艰辛，最终却以这样的结局收场。他感到接受不了这个事实，接连几天，他的心情糟透了，甚至一度吃不下睡不着。

一个偶然的机会，林鹏接触了一个做心理咨询的朋友，知道了自我暗示静心的方法。想到自己最近的情绪越来越暴躁，听说自我暗示可以改善情绪之后，林鹏真心诚意地请教朋友。

正好，林鹏一家租住的房子旁边是一个国家森林公园，学习了自我暗示的方法以后，林鹏经常早起去公园中静坐一会儿。在森林公园里，远离了闹市的喧嚣，空气特别清新，尤其是早晨，花花草草都羞涩地探出了小脑袋，小鸟的叫声显得尤其清脆。林鹏喜欢坐在对着湖水的草地上静坐，依偎着大树，还能听到池塘中小鱼儿吐泡泡的声音，心中很安静，很踏实，那种感觉总能让自己的思想和心灵相接触。如此坚持了一段时间以后，林鹏的心境变得越来越平和，他又找回了考试之前的信心，他坚信，在其他学校读研，只要努力学习，一样能学到真知识。

从这个故事中，我们也不难发现，让自己安静下来，学会自我暗示，是改善心理状态、提升自己的最好方法，它能让我们看清自己，让我们放下昨天的压力，明天一切都将重新开始。

当然，如果抑郁的程度已经达到抑郁症的程度，还是应该寻求心理医生的帮助，然而，我们发现，很多抑郁者在患病后，会选择偷偷吃药而不会公开病情，就是因为他们对抑郁症的认识不足，将其误认为是神经衰弱、精神分裂，对患者抱以冷眼或歧视，背后传播流言蜚语，让那些本已伤痕累累的心灵雪上加霜，不敢袒露自己的苦闷。另外，催眠专家提出建议，在治疗抑郁症的过程中，催眠师往往通过年龄倒退法帮助患者找到问题的根源，以便找到解决问题的方法。临床证明，这一方法对很多患者都起到了良好的效果。所谓年龄倒退法，是催眠中进行精神分析的有效方法。年龄倒退有三种方式：逐渐的年龄倒退、间断的年龄倒退、跳跃的年龄倒退。

（1）逐渐的年龄倒退法：在催眠状态下，先回忆去年年龄阶段的生活体验，去年的一些朋友、亲人、发生的事情，回忆起来后让其体验一下当时的感觉，体验到了以后就可继续暗示，你现在就身临其境的在这样一个情境中，好，你现在就已到了这个年龄，你现在15岁（若患者今年16岁）。你现在感受一下周围这些情境，你现在在做些什么，周围有些什么样的人，看看他们的样子。这样，他就能比较成功地被倒退回去。然后逐年倒退或是逐月逐日倒退，找寻他的一些过去的经历，找出对其现在有影响的事件或情境。

（2）间断的年龄倒退法：比如说患者在清醒状态下回忆到在10岁的时候曾遭遇过某重大事件，现在回忆起来都觉得很清晰，很害怕，受到很大的影响。那么在催眠状态下，可直接通过暗示让他回到10岁的年龄阶段，身临其境地感受当时的事件正在发生在他的身上，体会当时的感觉，然后用相应的分析和技巧解除他的这种不良体验和现在生活的联系。10岁倒退完后，也可直接跳到8岁或5岁，看看他在这个年龄阶段又发生了什么有影响的事件。

（3）跳跃的年龄倒退法：在直接把患者倒退到幼小年龄如四五岁后，再逐年上升6岁、7岁等。在其过去的成长过程中找到对现在生活有影响的事件。

年龄倒退的关键在于：先通过想象回忆出这个年龄段的一些情境事件，然后让其体验到这个情景，最后把这个情境变成他真实的情境，也就是让他感受到自已现在就是在这个情境里面。

自我暗示和自我催眠能改善睡眠质量

睡眠对于人们健康的重要意义早已毋庸置疑，然而，现代社会，好好睡一觉已经被不少人认为是一种奢侈，这些人都存在或轻或重的睡眠问题，并且，目前有近40%的人都被失眠困扰，其中有一半已影响到日常的工作与生活。

人们总是以为，失眠是精神上或心理上的问题，主要是因为内心紧张、无法放松而造成的“脑神经衰弱”。但事实上，心理医生称，对于大部分有失眠痛苦的病人来说，他们在精神或者心理上完全没问题，并不是所有的失眠问题都应归咎到“脑神经衰弱”上。并且，专家提醒我们，倘若失眠超过一年，没有经过适当的治疗，则容易产生精神方面的疾病，如忧郁症或焦虑症等。

自我暗示法在改善睡眠中的作用逐渐被人们认可。而被自我暗示运用最多的自我催眠更是一种独特的心理治疗技术，它能帮助人们改善睡眠，对于一些因心理疾病而造成的睡眠障碍，也能起到非常好的效果。遗憾的是，由于一些江湖术士的滥用，这一方法曾屡遭非议。此时，如果我们能学习一些自我暗示尤其是自我催眠的方法，那么，或许我们可以自行调节、改善睡眠。

同时，令我们感到庆幸的是，随着心理学研究的不断深化，近年来，我国许多心理咨询部门都在运用这一方法帮助人们解除痛苦，越来越多的人开始用科学的眼光来看待自我暗示和自我催眠的神奇功效了。

自我暗示能帮助我们放松自我、改善睡眠。所谓自我催眠，指的是主体通过自我暗示的方法自行导入的一种类似催眠的特殊意境。一旦达到这种意境，你向自己大脑中传输的指令就会转化成清晰的图像和真实的感受，如果技艺纯熟，很快你就能达到自我放松的目的，从而改善睡眠质量。

那么，我们该怎样做到自我催眠呢？如果能请一位催眠师为你做几次催眠，然后练习自我催眠就易如反掌了。即便没有这个条件，只要按程序练习一段时间，也是很快就能学会的。

下面向你介绍一个以改善睡眠为目的的自我催眠程序：

（1）先将身上某些可能让你觉得不舒服的东西去掉，比如：钥匙扣、发卡、项链、领带等。

（2）选择自己最喜欢的、最舒服的姿势躺好或者坐好（以不妨碍呼吸和各部位肌肉放松为前提）。

（3）轻轻闭上你的眼睛，然后很自然地做几次深呼吸，在这一过程中，你还要用心体验胸部和心脏的轻松、舒适。每次深呼吸后要体验一会儿，感到轻松、舒适后再做下一次。

（4）按照顺序放松你身体的各个部位。

你可以按照以下顺序放松：两脚、双腿、臀部、胸部、双手、双臂、双肩、颈部、头部和面部肌肉。

要放松某个部位时，你可以先把注意力放到该部位，然后在心里默念该部位肌肉"放松、再放松，"接下来就是用心体会该部位的放松感觉了，按照顺序放松，完成了该部位肌肉的放松，你可以接着放松下一部位的肌肉。

（5）输入催眠和醒复指令。

"现在全身的肌肉已经放松了，很舒适，身体在一点点往下沉，下沉……"（此处，我们要体验的是这种全身肌肉放松的感觉，所以不想睁开眼）

“我的眼睛越闭越舒适，不想睁开，不想睁开……（体验眼睛舒适和不想睁开的感觉）”

“我就要睡着了，就要睡着了，会睡得很踏实、很解乏，（具体时间自己拟定）准时醒来，醒来后身体轻松、头脑清晰、心情愉快……”

“从一数到五，我飘然进入催眠状态，现在我愉快醒来，一，二，三，四，五……”

其实，除了改善睡眠质量外，自我催眠术还可用来克服自卑感、增强记忆力和治疗心身疾病等。这并不是因为自我催眠术有什么神秘，而是因为它唤醒了你被压抑的心理对生理的控制力。

当然，尽管自我催眠对睡眠有着无可替代的作用，但约10%的受术者不能进入催眠状态，重症精神病和重症心血管疾病等患者不宜接受这样的方法。

怎样通过心理暗示法来治疗失眠

睡眠对于人类身体健康的重要性早已被人们认可，无须再多说，然而，世界卫生组织调查，全世界将近30%的人都有睡眠问题，将近一半的人受到各种各样睡眠问题的困扰，还有不少人总是失眠。

失眠的定义是人们难以入睡或持续睡眠，或在隔天清晨醒来时，没有饱足感及重获精力的感觉。我们难以根据睡眠时数的长短，决定一个人的睡眠够不够。因一天中所需的睡眠时数因人而异，有人一天只睡四五个小时就够了，有人却一定要睡上十个小时才觉得有饱足感。失眠是一种症状，而不是一种疾病，就像是发烧或腹痛一样，只是一种疾病的象征，必须找出潜在的病因加以治疗，不应只是治疗失眠的症状。

那么，失眠是怎样产生的呢?

1. 身体因素

任何身体上的不适都有可能导致失眠。

2. 心理因素

在心理疾病方面，比如焦虑症、抑郁症，都会影响睡眠，如果不治疗，睡眠也很难得到良好的改善。

3. 特定事件引发的睡眠问题

为此，心理治疗师在为一些失眠病人治疗时，会引导他们回答出以下几个问题，比如“你是从什么时候开始失眠的？”“在那之前的一段时间段里，工作、生活中是否发生过什么事件？”在这一引导下，治疗师就有可能找到患者失眠的原因。

曾经有这样一个案例：

一位女性来寻求治疗师的帮助，她说她失眠一个多月了，在治疗师的引导下，她进入了催眠状态，她道明了自己失眠的原因：原来在一个多月前，她的同事流产了，而她认为同事流产和自己有关，因为在那段时间，她感冒了，随后，她的那位同事也感冒了，随之这位女同事流产，她认为同事流产的原因是自己把感冒病毒传给了同事，为此感到十分愧疚，结果就失眠了。然而，她根本没有发现自己失眠的原因，直到被治疗师进行心理暗示而进入催眠状态后才找到了事情的真相。

4. 无明显原因的失眠问题

一些人长期失眠，但身体也没有什么疾病。催眠专家把这种情况归结为是由于压力造成的。而这个压力通常是精神压力、情绪压力、心理压力这一类的，而且是短期内无法消除的压力。

我们再来看一则案例：

有一位五十多岁的女性来寻求治疗师的帮助，她也称自己长期失眠，经过了解，治疗师知道了她的一些情况，因为经济状况不好，夫妻离婚，她要供儿子上大学，所以不得不努力打工挣钱。

治疗师对其进行了一番心理暗示，希望她能进入催眠状态，而刚开始的阶段，她的身体始终处于紧张状态而放松不下来，尽管练习了很久，但依然做不到。

后来，在接受催眠后两周内，她可以好好睡觉了，然而，两周之后，她又开始失眠。她的这种情况，催眠的确可以改善她的睡眠状况，但效果并不能持久。因为她的压力会把她重新带回紧张的状态。

失眠困扰着很多的人，美国国家健康组织依病程时间的长短，把失眠症分为短暂性失眠（短于一星期）、短期性失眠（一到三星期）及长期性失眠（长于三星期）。此种分类方法沿用至今。虽然美国睡眠医学会已对此时间的长短有所更改，但其基本的精神不变。

短暂性失眠：几乎每个人都曾有过短暂性失眠的经历，比如遇到一些让我们紧张的事（如考试或会议）、情绪上的激动（如兴奋或愤怒的事情），都可能会造成你当天晚上有失眠的困扰。

另外，生活环境变化，比如，跨时区造成的时差反应，也会影响到我们的睡眠质量。

短期性失眠：这与第一类失眠有所相似，但时间较长，比如遇到生活的变故，例如，丧偶、离婚、男女朋友分手等，此类问题皆会造成一时情绪上的冲击，其平复所需的时间往往需要数星期。

长期性失眠：这一类是患者到失眠门诊求诊中，最常遇到的疾病类型，其病史有些长达数年或数十年，必须找出其潜在病因，才有痊愈的希望。

失眠症状通常伴随着各种压力事件与复杂的心理因素，如能适当处理，将可发挥良好效果。暂时性失眠，除了失眠症状之外，并无明显的身心症状，这类患者的治疗较困难，除使用环境、心理及行为的治疗之外，可搭配使用催眠治疗，让患者明白自己个性上的缺陷，并学习如何表达及控制个人的情绪。

心理专家建议，要治疗失眠症，除了寻求催眠专家的帮助外，患者自己还能通过自我暗示进行调节。不管你是长期失眠，还是偶尔的失眠，以下的方法都可以帮助你缓解。

你可以在睡觉前，躺在床上进行练习。或许在练习的过程中，你就直接进入睡眠状态了。如果你是长期失眠者，这个方法是要每天坚持练习的。

在所有的自我催眠练习前都需要先进行呼吸放松。你要做至少5个深长的腹式深呼吸，如果你是长期失眠，建议做不少于10个深长的腹式深呼吸。接下来开始从头到脚的身体扫描。这里要注意：一定要从头开始，而且是逐节扫描。

身体扫描的方法：把注意力集中在身体的感觉上，只是去感受身体的感觉是什么，或许是感觉紧绷、酸疼、紧张等，不试图去消除这些感觉，也不是逃避这些感觉，而是持续地感受这些感觉，停留1–2分钟，同时有意识地放松这些部分。

身体扫描的顺序：头部—颈部—肩部—双臂—整个背部—胸部—上腹部—下腹部—后腰部—臀部—双大腿—双膝盖—双小腿—双脚。

最后放松，在你的意识里包含整个身体，呼吸放松整个身体，你会慢慢睡去。这个方法没办法治疗睡眠障碍，但可以帮助你改善睡眠质量！

压力太大时如何做自我暗示

在社会经济持续快速发展的今天，竞争之激烈，家庭和社交生活的琐碎都让现代人承受着前所未有的压力与心理危机。然而，导致这些压力的元凶还是我们自己。我们应该学会将堆积在自己肩上的压力卸下来，享受一段轻盈的生活，感受一下心灵的淡然，然后将压力永远地踩在自己的脚下。

心理学家曾说过："人是最会制造垃圾污染自己的动物之一。"正如清洁工每天早晨都要清理人们制造的成堆的、有形的垃圾一样，我们要想彻底消除倦怠，其中最重要的一个方法就是做自我暗示，以此来洗涤心灵和消除头脑中那些烦恼、忧愁、痛苦等无形的垃圾，真正让自己时刻心如明镜，洞若观火，以最好的状态投入到工作中。

曾经有位事业有成的年轻人，他在朋友的劝导下来看心理医生，他觉得自己的工作压力太大，心灵好像已经麻木了。

诊断后，医生证明他身体毫无问题，却觉察到他内心深处有问题。

医生问年轻人："你最喜欢哪个地方？""小时候你最喜欢做什么事？"医生接着问。"我最喜欢海边。"年轻人回答。医生于是说："拿这三个处方，到海边去，你必须在早上9点、中午12点和下午3点分别打开这三个处方。你必须同意遵照处方，除非时间到了，不得打开。"

这位年轻人按照医生的嘱咐来到了海边。

他到达海边时，正好九点，他独自一人，没有收音机、电话。他赶紧打开处方，上面写道："专心倾听。"他开始用耳朵去倾听，不久就听到以往从未听见的声音。他听到了海浪声，听到了各种海鸟的叫声，听到了风吹沙子的声音，他开始陶醉，这是另外一个安静的世界，他开始沉思、放松。快到中午的时候，他很不情愿地打开第二个处方，上面写道："回想。"于是他开始回忆，他想起小时候在海边嬉戏的情景，与家人一起拾贝壳的情景……怀旧之情汩汩而来。近3点时，他正沉醉在尘封的往事中，温暖与喜悦的感受，使他不愿去打开最后一张处方。但他还是拆开了。

"回顾你的动机。"这是最困难的部分，亦是整个"治疗"的重心。他开始反省，浏览生活工作中的每件事、每一状况、每一个人。他很痛苦地发现他很自私，他从未超越自我，从未认同更高尚的目标、更纯正的动机。他发现了造成疲倦、无聊、空虚、压力的原因。

这个故事中，这位年轻人遵照医生的建议来到海边，通过倾听、回想、回顾三个过程，最终认识到了自己的缺点——自私、从未超越自我、从未认同他人，这就是他感到空虚、压力大的原因。

一般人常常认为，人只有健康和患病之分。世界卫生组织对健康下的定义是：“健康是一种身体、精神和交往上的完美状态而不只是身体无病。”新的医学研究表明，人体健康与患病之间还存在着一个过渡的中间状态，即第三状态——亚健康状态。据此可得知，身体健康但精神和交往却存在问题，并非真正的健康，只有身心健康才是真正的健康。

生活中存在着各种各样的压力，有些压力虽然看不到，摸不着，但却真实地存在于我们的周围。如何在家庭责任、工作及人际关系的压力中做个“走钢丝的能手”，在家庭和事业间掌控平衡、在职场自在地游弋是现代人的必修之课。面对来自各方面的压力，我们一定要懂得自我调节，比如，当遇到不如意的事情时，可以运用自我暗示，以此来清除压力带来的负面情绪，而对于一些不会调节身心的人来说，他们很可能会因为压力过大而引起一些身体或者心灵上的疾病，比如头疼、高血压、胃溃疡、腹泻、关节炎、心脏病等，更严重的还有可能引发癌症。当然，这些疾病并不是直接由压力造成的，但压力过大会加速这些疾病的恶化。心理医生建议，自我暗示是一项能放松身心的活动，使用暗示法来缓解人们的压力，是能减轻和消除人身体上某些疾病的。

实际上，一个人，无论是因为环境改变、生活状态改变而带来的压力，还是身体本身的压力而引起的疾病，暗示都能有效缓解或起到治疗作用。

告别肥胖，自我暗示法助你养成良好的饮食习惯

生活中，我们每个人每天都需要吃饭，以维持正常的生理需要，这就是人们常说的“人是铁饭是钢”、“民以食为天”，然而，如果不加节制地饮食，就有可能危及到我们的身心健康。就是有这样一些人，他们总是无法控制自己，定期或不定期地暴饮暴食，甚至不加节制地大鱼大肉，这样，最终就会导致体形肥胖，影响身体健康。

琳琳今年刚刚大学毕业，和很多毕业生一样，她也投入到了找工作的大潮中，但令她沮丧的是，因为太胖，很多用人单位都拒绝了她。面对现在的状况，琳琳后悔不已。其实，一年前的琳琳还是个身材苗条的女孩，但失恋对她的打击实在太大了，她不知道如何排遣。一个朋友告诉她，吃东西能让自己的心情好起来，于是，她开始疯狂地吃，她发现这个方法似乎真的有效，失恋的痛苦过去后，她却变成了胖子。更无药可救的是，她居然开始迷恋美食，以前逛街，她最大的爱好是买衣服，现在则是打听哪里有好吃的。大学的最后一年，她整整胖了四十斤，曾经那些修身的衣服再也穿不下了，周围也没有了追求者，她逐渐变得自卑起来，走在马路上，她总能感觉到周围人异样的目光，而如今，找工作四处碰壁更让她倍感难受。

琳琳突然意识到，应该控制一下自己的饮食了……

琳琳的故事告诉我们，一个无节制饮食者遇到的苦恼。事实上，在我们生活的周围，这是很多人无法攻克的挑战。无节制饮食除了会引发一些身体健康问题之外，还有其他许多方面的影响。在某一段时间内，它会使身体进行高负荷运转，由此，就会出现一系列的生理反应，我们的生命力也会遭到破坏。另外，我们的自我形象还会受损，相对来说，人们更喜欢那些身材苗条的人，至少我们会因此获得审美愉悦。再者，他们的自信心、毅力等也会受到影响。无

节制饮食很容易成为一个习惯而且很难改掉。

然而，养成良好的饮食习惯需要高度的自制力，可能不少人都会感到困难，而自我暗示可以帮你逐渐获得自制力。

可能很多身体肥胖的人在饮食上都有这样一个感受：他们有一些被禁吃的食物，但他们偶尔心痒，会主动去尝试这些食物，他们认为只吃一口没什么事，但他们没有预料到的是，他们根本没有毅力控制自己不去吃第二口，吃了一种被禁吃的食物就会想吃第二种。等意识到这个问题的时候，他们发现自己在半个小时内已经吃掉了相当于一个月被禁止的食物。

其实，导致无节制饮食的关键是没有始终把自己的行为和最终目标联系在一起。你要问自己，你吃的目的是什么，吃完是否达到目的了？如果你能得出正确的答案，你也就能做出明智之举。

事实上，一些人，也找到了许多能够控制无节制饮食的方法。对于某些在饮食控制这一问题上意志力薄弱的人来说，最好的方法就是做自我暗示，暗示自己如果控制自己的饮食，体重会得到怎样的改善，会迎来更轻盈的生活，那么就会产生改变现状的动力。

简单地说，你可以建立一个习惯，一旦你想吃东西的时候，可以躺下来，然后做一些自我引导，自我暗示，经常想想你达到理想体重时将会是什么样子，那时候的你应该是身材苗条的、有活力的、健康的、身轻如燕的。只要你能减肥成功，你就能好好地利用自己的天赋和才能，你可以背上行囊去游历祖国的大好河山而不会累的气喘吁吁。

当然，如果你发现那些甜点和高脂肪食品正在向你招手，那么，你要做积极地想象而不是消极的，这时候，你不要想你有可能经不住这些食物的引诱，而应该想想避开这种诱惑的方法。

你可以想象的是，此时的你身体健康、肠胃健康，你坐直自己的身体，然后对这些食品微笑着说："不用了，谢谢。我已经吃饱了。"

你还可想的是，一个连自己体重都控制不了的人还能做什么大事呢？如果你能减肥成功，你希望你的生活做出哪些调整呢？你希望实现怎样的事业？你又将会对其他的人和周围的世界做出怎样的贡献？试试把自己的这些想法写下来，即使它可能只有短短的一段话。把自己的想象变成文字可能会有助于你继续努力前进。想象成功往往会是实现成功的第一步！

任何致力于帮助他人减肥的治疗师都会给出一点建议，饮食无节制的人要寻找精神力量，肥胖确实会为现代社会爱美和爱面子的人带来一定的烦恼，但你不能因此而丧失辨别能力，也不应该把所有的精力放到所谓的减肥和节食上，如果你能抽出身来，将自己投入到大自然中，那么，你会忘却美食的诱惑，会感到前所未有的轻松。

你不要总是沉浸在饮食和运动中，也不要关注那些最新的时尚美食信息，不要让这些事情消耗掉你的注意力和时间。每天早晨起来，你都要告诉自己，今天你要认真、健康地过，你要对自己做的每一件事负责，闲暇时，不要总是约朋友去聚餐、吃饭，你可以多读书，可以去听听话剧。到户外去，享受一年中每个季节的不同天气的乐趣。

自我暗示法让你养成坚持运动的习惯

在我们的现实生活中，越来越多的人饱受肥胖的困扰，肥胖不仅影响体态和形象，严重的还会危害健康，很多爱美人士都想远离肥胖，都想减肥，然而却非易事。要想解决这一问题，我们必须采取正确的减肥方式。

瘦身专家对减肥者的建议是：适当的运动也许能帮助到你。因为运动能有助我们消耗掉多余脂肪，并且，运动有丰富多样的运动形式穿插结合在一起，可以在一定程度上克服枯燥感。运动的方式很多，有散步、快走、跑步、跳绳、打羽毛球、登山、游泳等，你也可以在健身房实现这一目的。另外，如果我们能在运动的基础上注入暗示的力量，通过自我暗示帮助人们强化坚持运动，坚持节食的意识，这样能够帮助肥胖者达到减轻和控制体重的目的。我们再来看看下面这一案例：

崔女士是个典型的女强人，从大学毕业到现在已经有八年的时间，在这八年的时间里，她为公司带来了丰厚的利润，如今的她已经是这家公司的副总了，但令她烦恼的是，和她的工作业绩一样，她的体重也是“蒸蒸日上”。这主要是因为她的饮食习惯导致的。

以前的几年时间里，她最大的爱好就是在办公室的抽屉里放上巧克力，每隔半小时就得吃一块，甚至一次吃上五六块，她很喜欢巧克力在嘴里融化的感觉。只要能吃上一口巧克力，她即使再累，也能立即打起精神。

但如今的崔女士却不知如何是好，她知道问题出现在哪里，但怎么才能解决呢？

崔女士是个很有意志力的女人，她上学时曾在半个月内把成绩从全班第十名提升至全年级第三，曾经为了在校运动会上拿到八百米赛跑的第一名每天早上五点起来锻炼；曾经在和一个客户打交道的过程中，被客户拒绝了十几次却依然没有放弃……想到这些，崔女士告诉自己，难道区区几块巧克力能打倒自己？

那么，该怎样做才能减肥成功呢？在朋友的推荐下，她找到了催眠师路易斯。路易斯已经成功帮助不少女性成功减肥。

将崔女士带入到催眠状态后，路易斯对她进行暗示：

“崔女士，你是一个有坚强意志力的女性，你深知零食尤其是甜食的危害，那些甜食只会让你胖下去，衣橱里那些性感的衣服在向你招手，你却穿不上。其实甜食很难吃，太腻了，你闻到就想吐，你喜欢新鲜的蔬菜和水果的味道，空气里都是清新的味道，它们看起来色泽那么诱人……”路易斯注意到崔女士的眼角露出一丝微笑。

然后，路易斯继续暗示：“你吃完早饭，该去健身房了，现在，你想象一下，你在跑步机上，你的身体在前进，你挥洒着汗水，你的身材苗条极了，看，周围有好几个男士总是不自觉地用余光看你……”

“现在你全身没有一块多余的赘肉，你穿上了男朋友送给你的新裙子，太美了，那可是最小码的衣服，你太喜欢自己苗条的样子了。”

路易斯在进行了第一次催眠后，就让崔女士成功减掉了五斤。因为从催眠室回去后，崔女士就把自己抽屉里的巧克力撤掉了，把巧克力分给了办公室的下属们，不过，要想让崔女士的体重不反弹，路易斯知道要坚持让她来做催眠。

“崔女士，你要坚持运动，你要看到身材纤瘦的自己，你要穿最小码的衣服，坚持了很久的运动，你的皮肤更加细滑。运动也让你的心情变好了，你每天脸上都挂满微笑……”

后来，崔女士又陆续接受了路易斯五次催眠治疗，但就在三周以后，崔女士发现，自己完全能控制住自己对巧克力的欲望了。她甚至能弯下腰去闻下属桌上巧克力的香味而不去吃。

很多崔女士的姐妹都感到诧异，她们依然拿着自己心爱的奶昔、薯条，慨叹自己为什么意志力如此薄弱。相比之下，崔女士当然知道其中的原因，因为催眠治疗法也无法想象自己竟有这么坚强的意志。无论什么原因，她做到了，现在，她又看到了自己昔日苗条的身材，现在的她也更有自信了。

她不知道这是因为她接受了自己的欲望，还是因为她想到了那些随身携带巧克力的下属。但无论如何，她都感到很高兴。

案例中的崔女士是因为接受了催眠疗法而逐渐养成了坚持运动的习惯，并且成为一个对甜食有自控能力的人，而做到这两点，最终她成功减肥。

可见，在减肥这一问题上，我们完全没有必要认为它是一个痛苦的过程，而应该把减肥看做是一段有趣的经历，这样，你才更容易达到目标。

怎样通过心理暗示摆脱童年阴影

英国《精神病学》杂志上曾经发表过英国伦敦大学国王学院科学家的一项研究：这项研究的研究群体是出生在1950年和1955年间的7100人，研究人员发现，这些人中，在年幼阶段遭遇过一些不幸经历的人在性格上都比较忧郁，即使成年后，他们也并没有走出阴影，而同时，他们也比一般的人更容易遇到一些因健康原因导致的下岗问题。

后来，又有心理学家提出，如果在童年时期遭遇某些压力或者不幸，很可能导致人的健康问题以及早死；在这些压力或不幸中，贫困和虐待会引发心脏问题、发炎并加速细胞老化。

可见，童年时期的不幸遭遇，会对人们成年后产生剧烈的影响。那么，该怎样摆脱童年阴影呢?

我们先来看下面一个故事：

赵女士如今事业有成，家庭幸福美满，老公也是事业单位的骨干，她还有个可爱的儿子，学习方面也从不让赵女士操心，在外人看来，赵女士生活幸福，毫无烦恼，但实际上，赵女士却长期失眠，总是会做噩梦。受到困扰的她不得不来寻求心理医生的帮助。

后来，在专家的催眠式引导下，赵女士说出童年的那些不愉快：曾经，她有个幸福的家庭，父母都是知识分子，她有个可爱的弟弟，她常常带着弟弟和周围的小伙伴们嬉戏，说到这里，赵女士嘴角还露出一丝微笑。之后，命运跟她和她的家庭开了个玩笑，在一次车祸中，她的父母双双丧生，只剩下姐弟俩相依为命，直到成年后，赵女士凭借着自己的努力在事业上取得了一定的成功，同时拥有了一个幸福的家庭。可是，她不快乐，这种挥之不去的痛苦来自弟弟。赵女士的弟弟阿强是个烂泥扶不上墙的人，由于仕途不顺，他自暴自弃，还沾染上了赌博的恶习，并且习惯了对姐姐的依赖。赵女士一次又一次地替他还清赌债、善后，这让她无比痛苦，内心很挣扎，弟弟的不争气让她屡次想放弃他，可是每次这种念头出现的时候，就会梦见去世的父母。梦里的她常常觉得愧对父母而大哭，在矛盾心理的折磨之下，赵女士患上了轻度的抑郁症。

对于赵女士的痛苦，心理医生给出了一个建议：

让弟弟接受心理咨询，学会认识到自己已经不是孩子，不能一辈子在姐姐的保护下生活，认识到自己早已成人，应该承担自己应尽的责任，为自己的行为负责；而赵女士需要将父母与弟弟区分开。明白父母已经离去，自己不是弟弟的父母，不需要承担父母的责任；赵女士的家庭是幸福的，应享受和家人在一起的时光，和他们分享自己的感受，而不是把注意力放在已经成年的弟弟身上。

从赵女士的经历中，我们更加可以肯定的是，童年时期遭遇的不幸，会对成年后产生深远的影响。人类本身就是生活在一定环境下的，任何一个人，他不可能完全不受环境影响，而在人的童年时期，人的心智、思想等方面还未成熟，一旦遭遇到某些不幸，比如虐待、失去双亲、得不到关爱等，就很容易导致人格缺陷、性格扭曲等，这也会对他们成人后的人生观、价值观等各个方面产生负面影响。

但是，凡事都是有两面性的，那些有童年阴影的人，其实完全可以把这些经历转化为人生的宝贵财富与体验。有研究表明，85%的成功者在童年都会遭遇不幸或磨炼，比如美国总统林肯、女作家三毛等世界知名人士一样都是经历过很多不幸的人，但是这些经历并不影响他们的健康发展，反而铸就了他们成为最伟大的人。

所以，无论遇到什么，都不能成为我们消极处世的理由，最重要的是对待生活的态度和挫折承受力的培养。也许你认为自己是世界上最不幸的人，但实际上，并非如此，别人可以从阴影中走出来，那么，你也可以。

应该如何走出童年心理阴影呢？心理专家一致认为，心理暗示能帮助人们找寻到童年的记忆，帮助人们追根溯源，找到心理失调的根本原因，当然，这需要一个过程，在心理暗示时，你需要经过先面对、再接纳、包容，才能超越，才能获得健康快乐的心理状态。

第 06 章

你需要正能量，自我暗示能唤醒最好的自己

我们都知道，人是很容易被暗示的动物，我们也总是在接受着各种积极的和消极的暗示，我们有必要摒弃消极暗示的伤害，而要善于运用积极的暗示力量，以此来给自己一些正能量。人不可能永远保证事事都心想事成，生活中既然有挫折、有烦恼，就会产生消极的心态和情绪。一个心理成熟的人，不是没有消极情绪的人，而是善于调节和控制自己。心理专家指出，给自己的潜意识积极正面的暗示能帮助人们改变心理状态，可以给人精神动力。

破除自我怀疑，相信自己

我们都知道，自信是对自己的高度肯定，是成功的基石，是一种发自内心的强烈信念。相反，如果一个人总是自我怀疑，认为自己这不行那不行，那么，久而久之，就会陷入到恶性循环的怪圈中。

在一些自我怀疑者的心中，经常会有这样一种声音："这件事我肯定做不了。""我不想被嘲笑。""太难了，我无力应对。"这些对自己负面的评价让人消极和懈怠手头上的工作。我们不难想象，任何一个自我怀疑的人都不可能取得工作上的成就，因为他们总是在自我设限，认为自己在规定时间内做不到，他们不敢挑战更大的目标，不敢参与人际竞争，对于别人的成功，他们也只能自怨自艾，一旦遇到挫折，他们也很难走出来。相反，如果一个人有自信，基本上都是积极向上的，会比别人更有执行力，更有耐挫力，他们遇到问题时，也更有勇气面对，而正是这种力量指引着他们不断走向成功。

小蕾是个很勤奋的姑娘，但是还有一个大缺点，就是有点自卑，甚至做事扭捏。她来现在这家广告公司工作已经五六年了，但这么长时间以来，她好像是个可有可无的人，因为她几乎没有接过什么重要的任务，尽管在大家看来，小蕾是个人品好、工作认真的女孩。

最近，她似乎开始转运了，在公司的选举大会上，她被同事们选举为公司新部门的副主管，总算进入了中层管理人员的行列。好事成双，公司还给她安排了赴法国总部进修的机会。

一直业绩平平的小蕾居然有出国进修的机会，很多人都急红了眼，他们都争相往老总的办公室跑，希望也能争取到这个机会。

这天上午，小蕾正在整理资料，她接到电话，经理让她去办公室，当她坐下的时候，经理笑着说："这次你被老总点名派去法国进修，说明公司对你寄予了厚望，你的工作能力和态度也是一直被公司肯定的，但这几天，一些资历老的同事不断来找我，这让我十分为难，说实话，他们的资历都比你老，工作能力也不比你差，如果你能让步，下次我一定再给你争取更好的机会。"

经理说完这些话后，小蕾愣神了半天，她不知道该怎么办。经理让她回去好好想想。

小蕾实在不知道怎么办，最后，她决定给自己的好朋友李倩打个电话，让她为自己出谋划策。李倩告诉她，她只不过是心中没有自信罢了。

李倩问小蕾："如果你让出这次机会，你觉得别人在背后会怎么议论你？"小蕾并没有回答，接着，李倩说："其实你是一个能力很强的女孩，不是吗？从小到大，你每次考试都能取得很好的成绩，你也在歌唱比赛中有很好的表现，你还记得吗，在台下，大家都为你鼓掌，你看到了吗，所有人欣羡的眼神……"

听到好姐妹这样说，小蕾的眼神里多了一份自信，然后，李倩继续对她说："你以为别人会说你善解人意、先人后己吗？别傻了，他们会说你傻、缺心眼、没脑子。已经到手的学习、升职机会你拱手于人，他们不但不会感激你，还认为你是个白痴。而你的领导，也可能觉得你缺乏干练的工作能力，你认为他下次会真的把机会留给你吗，你就别做梦了。"小蕾急了："可是，经理还等着我回复呢，我要是不答应，那以后我还怎么在公司混啊？"

李倩继续说："我劝你还是直接说自己需要这次机会，否则，经理可能会认为你扭捏作态呢。再说，万一这是他故意试探你的呢？如果你真的退让了，让别人拿走本该属于自己的机会，以后他会稳稳当当地继续当领导，或者升职调去其他部门，那么你还能剩下什么、得到什么？等下次的机会，说不定又有人要跟你抢呢。”

小蕾觉得李倩的话很有道理，就采纳了她的意见，回复人事部经理说：“我很感激公司和经理对自己的栽培，很珍惜这次出国进修的机会。”

进修回来后的小蕾果然干练、大方多了，过去的那份稚气也已经不见了。

这则案例中，我们看到了一个稚嫩的职场女孩在接受好朋友的心理疏导后变得积极、自信的过程，开始大胆表达自己的想法，获得了历练自己的机会。

生活中，我们可能更在意别人对我们的评价，我们无时无刻不在展现我们的心态，无时无刻不在表现希望或担忧。但如果别人不相信我们，如果别人因为我们的思想经常表现出消极软弱而认为我们无能和胆小，那么，我们将永远不可能担当重任。

那么，我们该如何破除自我怀疑呢？

其实，我们完全可以通过自我暗示来增强自信，让自己积极起来，所以，永远不要对自己说：我很笨；我根本学不会；我不可能成功；我麻烦了；我真糟糕；我绝对不行；我肯定会失败；我一定赢不了……消极、负面的字眼会让你产生消极的暗示，导致消极的行为。如果你经常对自己进行积极的暗示，诸如“很快就能学会”、“我非常棒”、“我一定能赢”，这样会让你产生积极的思维和行为。

人世中的许多事，只要想做，并坚信自己能成功，那么你就能做成。因此，我们也不必再因自我怀疑而止步不前了，拥有一定能做到的信念，并立即执行吧，相信你能看到努力做事的成果。

在内心建立健康积极的自我意象

我们都知道，人是很容易被暗示的动物，一些人常常会迷失自己，会妄自菲薄，无法客观地看待自己，但其实，我们也可以通过暗示来剔除内心负面的信息，然后暗示自己是优秀的，暗示自己应该抬头挺胸，比如，夜深人静时，你坐在椅子上，或者沙发上，或者正站着，翻阅着手上一本书，其实你并没有认真看，只是在思索自己，在思考自己应该有更好的表现。

所以，你需要记住的是，你要在内心建立起积极的自我意象，因为决定人生成败的是态度，积极乐观的人可以在任何时候都快乐，无论道路多么崎岖都会毅然向前走；不管你身处何种地步，一定要保持正面情绪（积极、乐观、不抱怨），这样你就会变得成熟、自信。

因为家境贫困，再加上爸爸酗酒，所以小林的内心非常自卑。早在初中时代，记得有一次，小林作为班长带领班级的几个骨干出黑板报，因此耽误了晚上回家吃饭的时间，为此，爸爸去给小林送饭吃。那天，小林的弟弟正好生病了，所以，爸爸去的比较晚，都快上晚自习了才到。妈妈做的肉丝，用大饼包着让爸爸送给小林。不过，让小林惊讶的是，爸爸居然还带了一罐八宝粥。要知道，小林和弟弟平时可是很少能吃到八宝粥的，小林坚持没有吃八宝粥，让爸爸带回去给弟弟吃。虽然爸爸给小林送饭，小林心里觉得暖暖的，但小林还是很生气。小林很了解爸爸，只看了爸爸一眼，她就知道爸爸又喝多了，眯缝着眼睛，话也特别多。因为爸爸酗酒，所以总是和妈妈吵架，给小林的心里带来了很大的阴影。看到爸爸醉醺醺的样子，小林根本不想搭理他，也没好气地和爸爸说话。后来，同学问小林，为什么爸爸对她这么好，还给她送饭，但是她却好像在生爸爸的气呢。小林无言以对，因为她不能告诉同学爸爸酗酒，给家庭带来了多大的伤害。就这样，小林变得越来越敏感和自卑，她总是问自己，为什么没有一个不酗酒的好爸爸呢？为此，她不仅无法从家庭中得到安全感，甚至觉得自己在同学面前矮人三分，虽然她的学习成绩始终在班级中遥遥领先。几年的时间过去了，小林变得越来越沉默，她高中毕业后考进了一所师范院校。

在读大学期间，小林和几个同学辅修了催眠课程，渐渐地，她掌握了一些自我催眠暗示的方法，每当她为爸爸酗酒的事感到自惭形秽时，她就暗示自己："每个人都是独立的，爸爸有他喜欢的生活方式，我是我自己，我应该自信起来。"时间久了，经常暗示自己，小林发现自己好像也有不少变化。她很喜欢写文章，老师发现了她优美的文笔，便鼓励小林参加文学社。小林担心自己不行，迟迟没有答应。直到她发表了几篇文章之后，她才鼓足勇气参加了文学社。进入文学社不到一年时间，小林就因为表现出色被大家推选为副社长。

在文学社中，小林因为才华横溢，很受同学和老师的推崇。加上一直在学习自我催眠的方法，渐渐地，她不再那么自卑。以前，由于爸爸酗酒，即使每次考试都是班级第一名，她也仍然觉得在人前抬不起头来。现在，缘于出色的表现、优美的文笔，小林慢慢地有了自信。随着年龄的增长，她意识到每个人都有选择自己生活的权利，他人可以建议，但是却没有权利干涉。因此，她不再因为爸爸酗酒的事情而自惭形秽。随着自信心的增强，小林意识到自己在文学方面颇有才华，而且，她不仅非常喜欢写作，也很喜欢阅读。在老师的引导下，她变得越来越乐观、开朗，不仅把文学社搞得有声有色，还发表了越来越多的文章。大学毕业后，小林因为文学方面的才华，被学校保送某著名大学的中文系读研。

这则案例中，我们看到了女孩小林从自卑逐渐建立自信的过程。在她小时候，因为父亲酗酒，小林的内心一直被自卑的阴影笼罩着，即便是全班第一名的好成绩也未能帮她排解。幸运的是，小林后来学会了一些自我暗示的方法，并且，她找到了自己在文学方面的特长，就这样，使她渐渐地有了自信，对人生充满了希望。可以说，假如没有学习如何给自己积极的暗示，小林的人生很可能是另外一番景象。

生活中的任何一个人，你要坚信，自我暗示与肯定，是一种良好的训练。因为这些肯定性信息能反馈到我们的大脑中，产生我们真正所盼望的自我改进与自我完善，从而促进我们改善身心。当我们坚持这种训练，并且在坚持一段时间之后，就会发现，自我暗示，自我肯定绝不是白日做梦，绝不是自欺欺人，而是一种有效的自我激励与精神升华的手段，它能帮助我们重塑自己的人生，重新构筑自己的身心世界。

无需拿别人的标准来衡量自己

心理学家认为：一个人如果自惭形秽，那他就不会成为一个美人；如果他不相信自己的能力，那他就永远不会是事业上的成功者。某些人的自卑来自于不切实际的对比，然而，在我们生活的周围，不少人喜欢拿自己和某种人对比，相比之下，他们发现，自己在很多方面都不如人，比如工作能力不如同事，工资不如同学，孩子没别人的聪明，自己太瘦、太胖或者太矮等，所以他们觉得自己一无是处。其实，你要明白一点，你永远也不可能是这个世界上最优秀的人，所以你不必自卑。每个人都是独一无二的，没有人和你一样，这就好比每一片树叶和每一朵雪花都是不同的，你不必与别人一较高下，每个人都是独特的。

我们都不可能是十全十美的人，并非必须做到“十项全能”，比如，我们不能唱出优美动听的歌声，无法在世界级的舞台上翩翩起舞，但这并不代表你是个“不行”的人，你所有负面的想法都是来自于你用别人的标准来衡量自己的人生。

自从你来到这个世界上，你就是独特的，应当为此吹呼雀跃，你应该善于利用自己的天赋。只有在自己生命的舞台上演奏好自己的乐器，才能活得精彩。

在北卡莱罗纳州，有个叫艾迪斯·阿尔雷的女士，一次，她给心理医生写了一封信，信的内容是这样的：

“很小的时候，我就是一个羞涩、敏感的女孩，我身形肥胖、脸颊上很多肉，这让我显得更臃肿了，我的母亲是个很古板的女人，在她看来，把衣服穿得很合适是一件愚蠢的事，这样也容易把衣服撑破，所以她一直让我穿那些宽大的衣服。

我很自卑，从来不敢参加任何朋友的聚会，在我身上也没发生过任何让我开心的事，同学们组织的活动我也不敢参加，甚至连学校的运动会我也不去。我太害羞了，在我看来，我肯定是与别人不一样的。

在我成年后，我很顺利地结了婚，我的丈夫比我大几岁，但我还是无法改变自己。我丈夫一家人都很自信，我也一直想要和他们一样，但我根本做不到。他们也曾几次努力想要帮助我，但结果还是未能如愿，我变得更害羞了。我开始紧张易怒，不敢见任何朋友，甚至门铃一响我就紧张起来，我想我真是没救了，我怕丈夫察觉出来这个糟糕的我，我尽量装的开心一点，有时候还表现过火，因为事情过后我都觉得自己累得虚脱了。最后，我开始怀疑自己是否应该继续活下去，于是，我想到了死亡。”

当然，艾迪斯太太并没有自杀，那么，是什么改变了她的想法呢？只是她偶然听到的一句话。在给心理医生寄来的那封信里，她提到了此事：

改变我自己和我生活状态的，只是偶然间我听到的一句话。这天，我和婆婆谈到了教育的问题，她谈到自己的教育方法：“无论我的孩子遇到什么，我都告诉他们要保持自我本色。”

“保持自我本色，”这简短的一句话就像一道光一样从我的脑海中闪过，我突然发现，原来在我看来所有的不幸都只是因为我把自己放置到某个模式中去了。

在听到这句话后，我瞬间发生了改变，我开始遵循着这句话生活，我努力认清自己的个性，找到自己的优点，我开始学会如何按照自己的喜好、身材去搭配衣服，以此穿出自己的品位。我开始主动走出去交朋友，开始加入到小团体中，每当大家让我上台参加某项活动时，我都鼓足勇气，慢慢的我大胆了很多，这是一个长期的过程，但我确实发生了不少的改变。我想，当我以后教育我的子女时，我一定会告诉他们我的这一段经历，我希望他们能记住：无论何时，都要保持自我本色。

威廉·詹姆斯曾说过这样的话："一般人的心智使用率不超过百分之十，大部分人都不太了解自己还有什么才能。人们往往对自己设限，因此只运用了自己身心资源的一小部分。实际上，我们拥有的资源很多，但却没有成功地运用。"

好莱坞著名导演山姆·伍德曾说，对于他来说，最头疼的事就是让那些年轻的演员保持自我，他们每个人都想成为翻版的拉娜·特纳和克拉克·盖博，可是观众想要点"新鲜的味道"，而不是那种他们已经"尝过"的。

既然我们有那么多未被开采的潜能，那么，你又何必担心自己不如别人呢？你要明白，在这个世界上，不会有第二个你，现在没有，以后也不会有。这一点，我们能从遗传学书籍中找到证据。我们每个人都是由父亲和母亲的23条染色体组合而成的，决定我们遗传基因的，就是这46条染色体，每一条染色体中，有数百个基因，任何单一的基因又能影响甚至改变我们的一生，这就是令人敬畏的人类生命的形成。

爱默生在他的短文《自我信赖》中说过这样一段话：

无论是谁，总有一天，他会明白，嫉妒是毫无用处的，而模仿他人简直就是自杀，因为无论好坏，能帮助我们的，只有我们自己，一个人只有耕好自己的一亩三分地，才能收获自家的粮食；你自身的某种能力是独一无二的，只有当你努力尝试和运用它时，你才能真正感受到这份能力是什么，也才能体味它的神奇。

坚决抵制来自外界的消极暗示

可以说，我们每个人从呱呱坠地那一刻起，都在接受来自外界的暗示，这些暗示有积极的，自然也有消极的，但由于我们不了解这些消极暗示的负面影响，所以我们只好被动接受。比如：“你做不到的”，“你是个失败者”，“你错了”，“你太没出息了”，“你已经老了”，“你再怎么努力都没用的”，“事情越来越糟糕了”。而如果你相信了这些暗示，你的生活一定就会变得如此。

我们都知道，消极、负面的字眼会让你产生消极的暗示，导致消极的行为。面对同样难度的事，有的人对自己充满信心，相信自己“很快就能做到”，有的人则缺乏信心，怀疑自己“根本做不到”。两种不同的心态，结果就会大相径庭。前者属于积极的暗示，即使遭遇失败，也不会当一回事，只把做得好的印象深深印在脑子里，结果可能很快就成功了。而后者则属于消极的暗示，往往把失败的印象留在脑海中，这样做起来可能要花费很长的时间和精力。

其实，你完全可以在内心建设积极的自我暗示，以此重塑自己的人生观。你需要明白的第一件事是，外源暗示在自己身上产生了多么重大的影响，如果你不能清楚地认识到这一点，那么，它们将继续影响你的行为，制造失败和痛苦。而建设性的、积极的自我暗示则能够帮助你从这些负面的影响中走出来，重新形成良好的习惯，并走向积极健康的人生。

小时候乔·吉拉德的父亲总是给他灌输一种消极的思想——“你永远不会

有出息，你只能是个失败者。”这些思想令他害怕。而他的母亲却相反，她给他灌输的是一种积极的思想：对自己有信心，你绝对会成功的，只要你想成为什么，你就能做到。从父母那里，乔·吉拉德时时受到两种相反的力量，这两种力量一方面令他害怕，另一方面也让他产生信心。而最终，母亲灌输给他的思想胜利，这就是为什么他能实现自己梦想的原因。

心理专家指出，人们负面心态和情绪的产生，很多时候是消极暗示的产物，也就是说，反过来，我们多给自己积极的暗示，就可以提高自信心。

美国亿万富翁、工业家卡耐基说过：“一个对自己的内心有完全支配能力的人，对他自己有权获得的任何其他东西也会有支配能力。”当我们开始运用积极的心态并把自己看成成功者时，我们就开始成功了。

可能很多人会产生疑问，如何才能具备积极的心态呢？自我暗示法能使你从困难和逆境造成的不良情绪中振作起来。当坏情绪来临时，你可以用某些哲理或某些名言安慰自己，鼓励自己同痛苦、逆境作斗争。自娱自乐，会使你的情绪好转。

比如，当你在前进的路上遇到困难，想要放弃时，你可以告诉自己：“我是最棒的，我一定能重新站起来。”“别发火，发火会伤身体”。

另外，语言也是激励自己最好的工具，语言是影响情绪的强有力工具。如你悲伤时，朗诵滑稽的语句，可以消除悲伤。

对此，我们一定要摒除那些消极的习惯用语。

这些消极的习惯用语一般有：

“我好无助！”

“我该怎么办？”

“我真累坏了。”

……

相反，我们可以这样说来激励自己：

“忙了一天，现在心情真轻松。”

“上帝，考验我吧！”

“我要先把自己家里弄好。”

“我就不信我战胜不了你！”

当然，一些积极的信息也能对你起到暗示作用。

另外，我们要主动屏蔽那些负面的、消极的暗示，并且主动接受正面信息。

每天早晨，当你起床后，就要接触那些积极的信息，如果可能的话，和一位心态积极者共进早餐或午餐。不要浪费时间去看早上的电视新闻。你只要浏览一下当天报纸上的几条重要新闻即可，这几条新闻足以让你了解到当今世界的重大事件。你可以多关心一些与你的工作和生活有关的当地新闻，而对于那些惨案类的新闻，你要管住自己的眼睛，不要在早上就去阅读。在开车或者坐车去上班的路途中，你最好能够听一些愉快的音乐……而晚上，不要花大量时间去玩网络游戏、看电视等，多陪陪你的家人和孩子，和他们讲讲当天的趣事。

还有，我们在内心建立保护屏障的时候，要多用肯定句。我们也许都有这样的经历，骑车时，看到前面有一棵大树，你不断告诫自己：“千万不要撞上去。”这时你可能就真的会撞上去。也就是说，你努力做到“千万不要撞上去”，反而会由于“相悖意象”的法则而使你遭到失败。正确的想法应该是：“我一定能够绕过去。”这样才能进入你的理想状态。因此，应把你的暗示性语言“我不会失败”、“我不能失败”、“我不能考砸了”、“我不能生病”、“我不能自卑”等改为“我一定会成功的”、“我一定能考好”、“我很健康”、“我很自信”等积极性的语言。

总之，无论我们遇到什么事，都不要让消极暗示有机可乘，要拒绝受控。一旦有负面的、消极的暗示袭来时，要马上自我保护，提醒自己不能受其影响，你便能克服内心出现的消极心态了。

控制内心批评的声音，别让它有机可乘

在我们大多数人的内心，都住着一位批评者，他是我们成绩的否定者，每当我们取得一点点小小成就时，他们就钻出来了，把我们内心的一点欣喜和自信心击得粉碎。比如，当你因为策划案做得好而被领导夸奖时，它会说："别以为你的想法很不错，其实你的上司不过是敷衍你而已。"当你写了一篇散文准备投稿时，它会说："写的这么差，你还好意思给别人看？"当你准备向心爱的姑娘表达心意时，它会说："她怎么会喜欢你这样的呢？"不难想象，这样的人不会有什么大作为。诚然，我们知道，合理的自我批评让我们能更好地反省，但过度批评或者重复次数太多，则会让我们对自己的能力、价值产生怀疑，让我们变成一个胆小怕事的人。

所以，可以说，过度谦虚并不是美德，而是恶习。生活中，人们常说："你自己永远是信任你的最后一个人——全世界没有一个人信任你了，还有你自己信任你自己。"列宁也说过："自信是走向成功的第一步。"这就是告诉我们要相信自己，要积极地暗示自己，而不是任由内心的批评者控制我们。

周笑笑是一家策划公司的资深员工，她能力出众、待人温和，几乎所有的同事和领导都喜欢她。在最近的人事变动中，领导决定让她担任策划总监，从一名策划升到了策划总监，这确实是值得庆贺的事情。这天中午，她的同事兼好友小王把她约到咖啡厅，想当面道喜。

"恭喜你啊，周总监。"小王故意改变以往说话的口吻，她确实为好姐妹开心。

"有什么开心的，愁死我了。"周笑笑叹了口气。

"升职了，应该高兴的，别人盼还盼不来呢，有什么可愁的？"小王就纳闷儿了。

“说实话，我根本就不想升职，不想加薪，就现在这样当个策划，我都感觉压力大，有做不完的事情，要是再当上总监，我还要做更多的事，承受更大的压力，恐怕一点自己的空间都没有了，再说，万一做不好呢，原本公司就有个跟我实力相当的人一直觊觎这个职位，我不能应付这个工作的话，他们更有理由找茬了。另外，我本来就是个不喜欢与人争抢的人，我也应付不了每天对下属们指点来指点去的工作，一旦成为总监，我想大概每天都有人在议论我，就连我穿了什么衣服、剪什么发型，估计都会成为大家的谈资，被人始终盯着的滋味实在不好受。”

听完周笑笑的话，小王点了点头，确实是这个道理，然后她接着问：“那你准备怎么做？任职命令可是已经下达了。”

“能怎么办？躲着呗！能拖就拖，接下来几天我都不会来公司，请几天假，就说自己不舒服，公司这几天正是缺人手的时候，我关键时刻掉链子，高层肯定会觉得我不能担当大任，自然会找人代替我。”

周笑笑的一番话让小王沉思半天，的确，人们都只能看到别人身前的荣耀，却看不到他们背后的牺牲和压力，不过，因为害怕成功所以退缩，真的正确吗？

对于小王的疑问，我们可以给出答案，当然不正确！一个人对自己缺乏自信、害怕成功，那样，只会导致他们停滞不前，把自己禁锢在牢笼中。其实，很多时候，你所恐惧的成功后的事情并不一定会发生，即便发生，也远没有你想象中的可怕。不过，我们可以从这个案例中体会到一点：在负面的、消极的情绪下，人会缺乏工作动力，工作成效也会下降。

生活是千变万化的，悲欢离合，生老病死，天灾人祸，喜怒哀乐，都在所难免。一次被拒绝的失望，一场伙伴的误会，一句过激的话语，都会影响我们的心情，生活中的不顺心事总是很多，这就需要我们每个人要学会调节自己的心态。最简单有效的做法——用积极的暗示替代消极的暗示。当你想说“我完了”的时候，要马上替换成“不，我还有希望”。平时要养成积极暗示的习惯。

我们会发现，一个人积极与否，是通过心理暗示来起作用的，比如，同样是被客户拒绝的情况下，不同的人会产生不同的心态，A会说：“加油，你很忙，被拒绝说明我还有很多路要走，要不断锻炼自己，改进我的不足，这样客户就会更容易接受我和我的产品了！”而B的反应则是：“唉，为什么我就这么差劲？我为什么总是这么倒霉？为什么客户总是要拒绝我？我怎样才能让客户不再拒绝我？”

接下来，这两种不同的态度导致了A、B两人完全不同的工作态度：A会在业余时间把精力放到加强学习和为自己充电上，而相反，B则不断自我怀疑、自我否定。我们看到，A的时间都用在了通往成功的路途上，而B的时间则用在了情绪消化上。

因此，从这一点看，可以说，我们内心对批评者的控制能力如何，决定了我们的心态如何，而这又决定了我们关注的焦点在哪里，焦点决定了我们的时间用在哪里，是否将有利于我们快速达成目标。

化消极为积极，扭转内心阻碍进取的信念

在我们每个人的心中，都希望自己能拥有终身的事业，当然，最终结果却并非如此，当你问他们为什么没有达成自己的梦想时，他们又能找出一大堆原因，但其实，这都是他们的借口而已，最为根本的原因只不过是信念，是因为他们的信念易于改变。

信念能够催生出真情感和行为。如果你认为自己做不到，为什么不问问自

己是不是信念的缺失呢？只要细想一下，你就知道，你认为“不可能”，都是在自欺欺人而已，你低估了自己的能力，只要你懂得扭转内心那些阻碍进取的信念，就能变消极为积极，实现自己的目标。

潜意识是没有分辨能力的，我们在大脑中树立一个我们所希望达到的成功场景，能将潜意识中负面的信息替换掉，而且，在反复暗示后，成功的信念就能建立，并使自己产生积极的行动，达到预定的目标。

强有力的信念可以让我们创造出奇迹，因为信念的力量指引，我们可以获得超出平常的力量，而假如没有了信念，我们也就没有了动力，只能一事无成。所以，当我们遇到困难时，要运用潜意识在心中建立成功的信念，这样，我们就能努力找到事情的光明面，然后用乐观的态度去寻找方法，解决困难。

世界酒店大王希尔顿，用少量资本创业起家，有人问他成功的秘诀，他说：“信心。”

美国前总统里根在接受《成功》杂志采访时说：“创业者若抱有无比的自信心，就可以缔造一个美好的未来。”

生活中的每一个人，都要有成功的强烈愿望，那么，你也会让他人更容易相信你的能力，因而也会得到更多的锻炼机会，更容易成为一个有能力的人。

在很多渴望成功人的眼里，石油大王洛克菲勒是他们学习的榜样。他能从一无所有到拥有现在的商业帝国是一个传奇，但事实上，这却是他持之以恒、积极奋斗的回报，是命运之神对他艰苦付出的奖赏。他曾经对自己的儿子说过这样一句话：“我们的命运由我们的行动决定，而绝非完全由我们的出生决定。”生活中的我们也需要记住，一个人的命运如何，是掌握在自己手里的，出身只能决定我们的起点，不能决定我们的终点，对此，洛克菲勒的人生轨迹可以加以证明：

幼年时的他就开始过着动荡不安的生活，他跟随父母搬迁过好几个地方。11岁时，父亲因一桩诉讼案而出逃。此后，年仅11岁的洛克菲勒就担起了家里生活的重担。

后来，出于对知识的渴望，他在商业专科学校学习了三个月，学会了会计和银行学之后，就辍学了。

出了学校的洛克菲勒，刚开始在休伊特·塔特尔公司做会计助理。在工作中，他始终不忘学习。每次，当休伊特和塔特尔讨论有关出纳的问题时，洛克菲勒总是认真倾听，从中汲取知识。另外，洛克菲勒在这家公司从业期间，为公司带来不少效益，赢得了老板的赏识。

洛克菲勒很细心，每次在公司交水电费的时候，洛克菲勒都要逐项核查后才付款。而老板只看总金额，这让洛克菲勒取得了老板的信任。

一次公司高价购买的大理石有瑕疵，洛克菲勒巧妙地为公司索回赔偿。休伊特很欣赏他，就给他加了薪。

后来，洛克菲勒从一则新闻报道中得知由于气候原因英国农作物大面积减产。于是他建议老板大量收购粮食和火腿，老板听从了他的建议。公司因此而获取了巨额的利润。

成绩斐然的洛克菲勒要求加薪，遭到了休威的拒绝。于是，洛克菲勒离开公司决定创业。洛克菲勒只有800美元，而创办一家谷物牧草经纪公司至少也得4000美元。于是他和克拉克合伙创业，每人各出2000美元。洛克菲勒想办法又筹集了1200美元，才凑够了2000美元。这一年，美国中西部遭受了霜灾，农民要求以来年的谷物作抵押，请求洛克菲勒的公司为他们支付定金。公司没有那么多资金，洛克菲勒从银行贷款，满足了农民的需要。经过一年的苦心经营，获利4000美元。

而如今，洛克菲勒中心的53层摩天大楼坐落在美国纽约第五大道上。这里也是标准石油公司的所在地。标准石油公司创立之初（1870年）仅有5个人，而今天该公司拥有股东30万，油轮500多艘，年收入已达五六百亿美元，可以说，这里的一举一动牵动着国际石油市场的每一根神经。

洛克菲勒的人生就是从一个周薪只有5美元的簿记员开始的，但经由不懈的奋斗却建立了一个令人艳羡的石油王国。洛克菲勒的成功并不是一个神话，他只是更懂得命运用行动和智慧来经营，他有一双发现机会的慧眼。他从为别人打工开始，就显示出了与众不同的智慧。

这个真实的故事再次使我们坚信：一个人的心中如果在年轻时就树立一个目标，并坚持不懈地为之努力，那么，他一定会是一位成功的人。

人的潜力是无穷的，如果你对自己有足够的信心，你就会发现自己原来拥有很多未知的潜力，原来自己可以做到很多事情，如果你想有个辉煌的人生，那就把自己扮演成你心里想成为的那个人，让积极向上的自我意象时时伴随着自己。

固然我们心中都有目标，但有时候目标总是那么遥不可及，或许你正在艰难中坚持着，但假如此时放弃，以前的努力都将白费，所花的心血都是徒劳；而只要再坚持一会儿，再加一把劲儿，眼前就有可能是别有洞天，豁然开朗。当你拨开迷雾重见阳光的一刹那，你会觉得所做的再苦再累都是值得的。

总之，信念是一种无坚不摧的力量，当你坚信自己能成功时，你必能成功，许多人一事无成，就是因为他们低估了自己的能力，妄自菲薄，以至于缩小了自己的成就。信心能使人产生勇气，成功的契机，是建立自己的信心和勇气，以信心克服所有的障碍。

面对他人的不喜欢，应有坦然的态度

在我们的现实生活中，大概每个人都希望能获得周围人的肯定，但我们要明白的是，我们不可能让所有人都喜欢，如果我们奢求获得所有人的喜欢，那只是庸人自扰。德国哲学家尼采说：“面对别人的不喜欢应有坦然的态度。对方若是从生理上厌恶你，即便你如何礼貌地对待他，他都不会立刻对你改观。不可能让全世界的人都喜欢你。以平常心相待便是。”诗人但丁也曾说：“走自己的路，让别人去说吧。”我们不可能获得所有人的支持和认同，面对他人的不喜欢，我们应该持有坦然的态度。

我们都熟悉的罗斯福总统夫人在少女时代是个害羞的女孩，她担心别人在她的背后指指点点，害怕被人批评。有一天，她去请教罗斯福总统的姐姐：“我总想去做些事情，但是又害怕别人的批评。”

姐姐告诉她：“如果你坚信自己做的是对的，就不要害怕别人的批评。”罗斯福总统在叙述这件事的时候对我说，这句话后来成为她在白宫岁月中生活的支柱。“只要你认为是对的，就去做，因为不管你做了什么或者没做什么，你都可能会被骂，结果也都是一样的。”

这句话应该成为我们每个人都要铭记的忠告。一个人是无法避免那些不公正待遇的，那么，既然如此，为什么不去做些更重要的事呢？那就是让自己免于外界的打扰。

对于这一问题，美国作曲家狄姆斯·泰勒做法更干脆，对于别人的批评，他丝毫不受影响，反而能在公开场合一笑了之。在星期天下午的音乐节目中，他说，曾有位女士给他写了这样一封信，大致内容就是辱骂他，比如“叛徒”、“骗子”、“白痴”、“毒蛇”等。泰勒先生在他的作品《人与音乐》中，提及了这一段往事：“刚开始，我没在意，以为她只是和我开开玩笑，所以，在第二周的广播节目中，我把这封信公开地念了出来。可是谁知道，就在几天之后，我又收到了这位女士的来信，她依然坚持她原来的想法，在她口中，我依然是一个骗子、一个叛徒、一条毒蛇和一个白痴。”

美国企业家查尔斯·史瓦伯曾经在普林斯顿大学做学生演讲，他说自己所学到的最重要的一课是钢铁厂中的一位老工人告诉他的，这位老工人和另外一个工人卷入了一场激烈的争斗中，结果那人把他扔进了河里。史瓦伯说：“我看见湿漉漉的一个人来到我的办公室，然后问他到底发生了什么，是什么语言激怒了对方让他把你丢进河里，他的回答是：‘我什么都没有说，只是一笑置之。’”从此，史瓦伯把这位老工人的话当成人生的信条。

不止如此，我们任何一个人，都应该记住这句话，对于别人的攻击，如果你反驳的话，那么，可能会让对方更加针锋相对，但是如果你“一笑置之”，那么，对方还能说什么呢？

林肯总统带领军队结束了美国内战。但假如他不会处理那些纷至沓来的攻击，那么，估计他早就崩溃了，而他对付那些恶意批评的方法已经成为各国要人学习的榜样。在麦克阿瑟将军的办公桌和丘吉尔的书房里，都有林肯总统的这段话：“对于任何攻击，只要我沉默、不做回应，这件事自然会结束，我会努力做到最好，直到我的生命结束。我想，最后肯定能证明我是对的，而那些指责是无中生有的，当然，如果我被证明是错了，我想天使会为我说话。”

不得不承认，就是有这样一些人，你越是努力和他结交，努力给他帮忙，他越是不把你放在眼里。反之，如果你做出成绩了，又不狂妄自大，自然能赢得别人的敬重。

然而即使你做得再完美无缺，也没有招惹任何人，仍然会有人看不惯你，仍然会有很多不利于你的传言。对某些心胸比较狭隘的人来说，你不需要招惹他，你在某方面比他优秀，这就已经招惹他了。但其实反过来想，无论你怎么做人做事，总是有人欣赏你的，让所有人都喜欢是件不可能的事，想让所有人讨厌也不那么容易。球星贝克汉姆也曾说：“无法让所有人都喜欢你。”

要想打破他人的成见，我们最应该做的事就是做好自己，用实力给他们致命的一击，正如贝克汉姆的表现一样。当然，即使那些偏见永远存在，也不必为之伤脑筋。做任何事情，来自外界的评价都是两方面的，所以不要只看到杯子有一半是空的，还应该看到它还有一半是满的。对于别人的批评，要虚心听取，有则改之，无则加勉，但没有必要影响自己的心情；对于看不惯你的人，如果他发现了你的缺点，应该勇于改正，如果是误会，应该解释，解释不清，就不去解释，不妨敬而远之，敬而远之尤不可得，就鄙而远之。

自我暗示也可能会伤害你

前面已经提及，我们的一生都在接受心理暗示，我们也在使用它，但是我们并未意识到而已。当它被正确地运用时，就会产生很奇妙且正面的结果，甚至可以创造惊人的奇迹，而当它被错误地认识时，产生的结果同样很奇妙，只不过此时是灾难而已。

如果不了解心理暗示，而只是茫然不知所措地运用它，那就等于是与虎谋皮，有时候，你会获益，但有时候你会招来不幸。事实上，我们每个人都应该掌握这种力量，只要掌控了它的知识，它就不再是伤害我们的力量，而是让它成为我们驯服和利用的能量。其实，利用它是一件简单得不能再简单的事。

我们应该明白的是，要保持乐观正面的心态，对自己进行积极的自我心理暗示，在心中构建成功后的画面，那么，潜意识就会接收你的指示，然后按照你的指示去行动，最终，你必定能成为一个真正有所作为的人。因为你的信念将会在你的心中生根发芽。

曾经有个人怀疑自己得了癌症，吓得要死，每天食不知味，夜不能寐，焦躁不安，好像自己真的得了癌症一样。不到十天，体重就减了十几斤。后来去医院确诊，排除了癌症的可能，才知道是自己吓自己，身体也慢慢恢复了。

相反，另外一个人，他已经被医院确诊为结肠癌，但他好像完全没这回事似的，家人为他担心，他反倒劝慰家人，说人活一百岁也是一死，生死没什么。之后，他开始和癌症打起仗来，他坚信“两军相遇勇者胜”，于是不断地进行自我暗示：“我肯定能战胜病魔，我肯定能好起来。”吃药时他念叨：“这药很好，吃了一定有效果”，走路时想着：“生命在于运动”……这样长期坚持自我心理暗示，渐渐地这种暗示对身心产生了良好的作用，十多年来不但病情稳定，而且症状消失，自己对身体的康复越来越充满信心。

美国新奥尔良的奥施德纳诊所做过统计，发现在连续求诊而入院的病人中，因情绪不好而致病者占76%。这就告诉我们：情主沉浮，凡事往好的方面想，自然能战胜疾病。

可见，我们都应该知道怎样去运用我们的心灵源动力。我们的潜能，都深藏在潜意识之中，通过它，你能心想事成，也能遭遇困难，一切都取决于你心理的工作方式——想好事就会吸引好事，想坏事就真的招来坏事。你的潜意识是没有辨别是非对错能力的，一旦它接受了你的想法，就开始执行。所以，如果你总是给自己消极的心理暗示，它就会给你带来沮丧、失败和不幸，如果你给自己的暗示是美好的、向上的，那么，你就会遇到美好、成功的事。

暗示是影响潜意识的一种最有效的方式。它超出人们自身的控制能力，指导着人们的心理、行为。暗示往往会使别人不自觉地按照一定的方式行动，或者不加思索地接受一定的意见和信念。

建议你运用这样一个心理暗示，每天都对自己说：“我要变得快乐！”并让这个自我激励深入到潜意识中去。当你在奋斗过程中精神不振的时候，这种潜意识就会引导你采取热情的行动，变消极为积极，焕发奋斗的活力。

事实上，你的潜意识是无法与你争论的，你给它正确的或者是错误的建议，都会产生相应的结果。所以，如果你想的都是一些积极的或者健康的事物，这对于你是很有好处的。

当然，如果目前你已经深陷恐惧、担忧或者一些灾难性的想法之中，要想改变也并不困难，向你的潜意识发布命令，让它接受健康和积极的想法，你就能获得改变。

所以，生活中，无论我们遇到什么事，要想保持好心情，就要做到积极地自我暗示。所谓“自我暗示”，从心理学角度讲，就是个人通过语言、形象、想象等方式，对自身施加影响的心理过程。这种自我暗示，常常会于不知不觉之中对自己的意志以致生理状态产生影响。

自我暗示的方法有很多，你可以默念，也可以在心里暗示，或者大声说出来，甚至可以在纸上写下来，更可以歌唱或吟诵，但无论采取什么方法，都需要我们坚持，如果你能每天进行十几分钟的练习，那么，就能消除你十多年来的消极思想习惯。自然，我们越经常性地意识到我们正在告诉自己的一切，选择积极，扩张的语言和概念，我们就越能够容易地创造出一个积极的现实。

第 07 章

拉近距离，心理暗示助你快速与陌生人建立友谊

人与人之间，初次见面，是存在一定沟通屏障的，也有一定的戒备心理，而不信任是造成沟通困难的最主要原因。都说人与人“一回生、两回熟”。“两回”不难，难就难在头“一回”。难在哪儿呢？难在面对的是陌生人，不知该从什么话说起，不知道说什么话对方喜欢听，不知该说的话会不会让人听了感觉不悦……而如果我们懂得运用心理暗示的方法，从抓住对方的心理开始，用一番别具特色的语言，一定能打动对方的心灵并成功展开交谈。

主动出手帮助对方，暗示你值得信赖和依靠

我们都有这样的体验，在走进一间陌生的房间，或是与一个不熟悉的人碰面时，在心里对自己说的最多的一句话，就是："这个人是什么样的人，我可以和他交往吗？"的确，面对陌生人，人们总是本能地带有警惕和戒备的心理，这是人类在进化中形成的自我保护的方法之一。因此，如果你想迅速地拉近和陌生人的距离，最好的暗示方法就是当对方出现困难时主动帮助，毕竟人们对于雪中送炭的帮助都是心怀感激的，并且很快会放下戒备心。

我们来看下面的案例：

小林在单位是个人缘关系极好的小伙子，在不到半年的时间里，就从一名普通的销售员做到了销售主管的职位，朋友问他升职的秘诀，他笑了笑说："无论是上司还是同事，都是有情感的，无论他们遇到什么，多去体会一下他们的心情，多理解他们，多帮助他们，自然就和他们站在同一战线上了，还有什么关系搞不好呢？"

有一次，小林准备给经理送文件，却在经理办公室门外听见经理的怒吼声，原来是秘书小徐忘了及时给经理办公室购买饮品。"我要你这秘书干什么吃的？这点小事都能忘？"

小林敲门进去后，立马为秘书解围："张总，您一天这么多事要处理，别为这点小事气坏了身体。对了，昨天我一个朋友从外地给我带了今年新出的碧

螺春，我一会儿给您送过来尝尝？”听到小林这样说，张经理脸上紧皱着的眉头才稍微舒缓一点。

而这件事后，秘书小徐也就记下了小林的“恩情”。在业务上，一旦有什么新消息，都会在第一时间通知小林。

小林在事业和人际关系上一帆风顺，得益于他深知其中的道理：人际交往中，帮助他人，会给自己一种暗示：“我是值得信赖和依靠的。”从而拉近彼此间的心理距离，产生积极的交际效果。

从心理学的角度看，人们在心理上，都会有一个“安全距离”，并以此为直径，为自己划定一个安全的“自我保护圈”，在这个“保护圈”内，人们会觉得很安全，只有最亲近的人才可以踏入这个安全的“保护圈”，因此，他们对亲近的人是不设防的。但如果一旦有人走进了他的“保护圈”，就可以证明他们是非常亲密的人。而对于陌生人来讲，当你处于他的“保护圈”之外时，对方就不会产生警惕和戒备心理；如果你走进他的“保护圈”之内，对方就会感觉到不安，并试图拉开你们之间的距离。但当你已成功地进入了对方的“保护圈”之内，则往往就会产生对方是自己亲密者的错觉。

1. 合乎时宜

我们帮助他人，要学会相机行事、适可而止。这里的适宜指的是“时间”的问题，在对方求助无门的时候出手，更容易让对方对你心怀感激。

2. 雪中送炭

俗话说：“患难见真情。”最需要帮助和鼓励或者赞扬的不是那些早已功成名就的人，而是那些因被埋没而产生自卑感或身处逆境的人。他们不仅需要物质帮助，还需要精神鼓励，如果我们能雪中送炭，并在他不断努力、接近成功的过程中对他们不离不弃，你交到的将是一生的患难之交。

3. 小处落墨

在日常生活中，我们给人帮助的时候，要从具体的事件入手，越小的事件越好，因为这样可以体现出你的细心和诚意；给予的快乐愈详实具体，说明你对对方愈了解，对他的长处和成绩愈看重。让对方感到你的真挚、亲切和可信，你们之间的人际距离就会越来越近。

4. 帮助他人也要注意姿态

人际交往中，我们会遇到一些类似好好先生的人，然而，人们并不太喜欢好好先生，甚至不会发自内心尊重好好先生。如果我们对人过分好，会给受惠方一种我们是“弱者”的感觉。因此，我们在给人好处、对人付出尤其是帮助他人的时候，要放低姿态，要让对方在一种双方平等的心态下接受我们的帮助，同时，对方也会感激我们的良苦用心。

5. 给对方一个回报的机会

心理学家霍曼斯早在1974年就曾经提出人与人之间的交往本质上是一种社会交换，这种交换同市场上的商品交换所遵循的原则是一样的，即人们都希望在交往中得到的不少于所付出的。其实，何止是得到的不能少于付出的，如果得到的大于付出的，也会令人们心理失去平衡。

这给我们的启示是，我们要想让他人达到一种心理平衡，在付出的同时，还要给对方一个回报的机会，不至于因为内心的压力而疏远了双方的关系。而“过度投资”，不给对方喘息的机会，就会让对方的心灵窒息。留有余地，彼此才能自由畅快地呼吸。

总之，与人交往，主动帮助他人，这是一种感化他人的技巧，掌握这种技巧，能迅速拉近彼此间的心理距离。

多提相似与共同之处，暗示你们之间有共鸣

我们常说："一回生两回熟。"这句话的意思是说，人与人之间，总有个从相遇到相识、相知的过程，即使是陌生人，经过一番熟悉了解后，也可以变成朋友。在家靠父母，出门靠朋友，人生路上，关键时刻朋友的帮助能让我们脱离险境，使我们飞黄腾达，这已经是无数成功者的切身体验和宝贵心得。一个善于结交朋友的人，一般都能做到处处受欢迎，事事得到他人的帮助，毫无疑问，这样的人，在竞争激烈的现代社会一定会多出几分必胜的把握。那么，朋友从何处来？很简单，从陌生人而来，然而，并不是所有人，都能与陌生人结交，但善于利用心理暗示策略的人都懂得一点：与陌生人沟通时，一定要多提彼此之间的相似之处，以此暗示你们之间的共鸣，这样，能拉近彼此距离，促进沟通。

1984年，美国总统里根前来中国访问。在中国官员的陪同下来到了复旦大学，在一间大教室里做演讲。几百个陌生的面孔对这位蓝眼睛黄头发的异国总统充满了好奇。里根总统和这些黄皮肤黑眼睛的学子们完全是两个世界的人，但是，他的第一句话就引起了同学们的兴奋，对这位他乡来客充满了亲切的感觉。他这样说道："其实，我和你们学校有着密切的关系。你们的谢希德校长同我的夫人南希，都是美国史密斯学院的校友呢。这么看来，我和各位自然也都是朋友了！"此言一出，几百个人的大教室里爆发出一阵热烈而又持久的掌声，学生们都把他当成了十分亲近的朋友，没有了陌生的感觉，抵触的心理。接下来，双方的谈话十分的融洽、轻松。几个小时的谈话过程，充满了笑声，双方都感到十分的满意。

里根总统无疑是交际场中的高手，能够从互不认识的人中寻找他们的共同点，从双方的共同点切入话题，拉近双方的心理距离。打开一个良好的谈话局

面，塑造一个融洽的氛围。

同陌生人谈话是口语交际中的一大难关，处理得好，可以一见如故，相见恨晚；处理得不好，又能导致四目相对，局促无言。而从这一事例中，我们发现，要想打动陌生人的心，就必须抓住双方的相似点展开话题，让对方从心里把你当自己人。

人与人之间在性情和志趣上不仅存在着差异，而且也有相同之处。从心理学角度看，相同则相通，共同的兴趣和爱好能将人拧在一起，共同的目标和志向能使人走到一块。所以，我们在与陌生人交谈的时候，能不能让对方产生一见如故的感觉，关键就在于双方是否能在相同之处产生“共鸣”。只有这样，才能把握陌生人的心理，与陌生人快速熟络并建立友谊。

为此，我们可以从以下几个方面寻找共同点，针对不同的共同点，采取不同的表达方式：

1. 以话试探险，侦察共同点

为了打破陌生人交谈沉默的局面，开口讲话是首要的，有人以招呼开场，询问对方籍贯、身份，从中获取信息；有人通过听说话口音，言辞，侦察对方情况；有的以动作开场，边帮对方做某些急需帮助的事，边以话试探；有的甚至借火吸烟，也可以发现对方特点，打开口语交际的局面。这种试探的方式，都能迅速找出与对方的共同点，然后围绕此共同点迅速与陌生人打开话题。

2. 听人介绍，猜度共同点

你去朋友家串门，遇到有生人在座，作为对于二者都很熟悉的主人，会马上出面为双方介绍，说明双方与主人的关系，各自的身份，工作单位，甚至个性特点、爱好等等，细心人从介绍中马上就可发现对方与自己有什么共同之处。

而这个共同处，就是你打开陌生人心扉的突破口。你要迅速抓住这个突破口进行交谈。这当中重要的是在听介绍时要仔细地分析认识对方，发现共同点后再在交谈中延伸，不断地发现新的共同关心的话题。

3. 揣摩谈话，探索共同点

为了发现陌生人同自己的共同点，可以在需要交际的人同别人谈话时留心分析，揣摩，也可以在对方和自己交谈时揣摩对方的话语，从中发现共同点。比如，你发现有人和你讲共同的家乡话，你可以以此为突破口，以乡音带动对方的谈话兴趣，使陌生的路人变为熟人，甚至发展成为朋友。

4. 察颜观色，寻找共同点

一个人的心理状态、精神追求、生活爱好等等，都或多或少地要在他们的表情、服饰、谈吐、举止等方面有所表现，只要你善于观察，就会发现你们的共同点。当然，这察颜观色发现的东西，还要同自己的情趣爱好相结合，自己对此也有兴趣，打破沉寂的气氛才有可能。否则，即使发现了共同点，也还会无话可讲，或讲一两句就“卡壳”，打动交谈对方更是无从谈起。

另外，我们在与陌生人说话的时候，还要懂得求大同存小异，把相互间相左的性格特点放在交谈的次要位置。譬如，交际的双方都有文学爱好，喜欢写文章，但双方却存在着较大的个性差异。这种情况，就要选择前者作为交际的出发点，以共同的爱好来产生“共鸣”，这是双方合得来的基础。若丢弃了共同的爱好而在不同的个性上去互相指责或计较，就会使本该合得来的双方变得“合不来”。

总之，与陌生人交谈，我们应该多看别人与自己的共同点，而不应该去计较与自己不同的方面，并巧妙暗示对方你们之间有共鸣，只有这样，才能跟人“合群”，才能叩开对方心灵的大门！

多提“我”和“我们”，暗示对方彼此是自己人

生活中的我们常常发现，同样一个观点，如果是自己喜欢的人说的，接

受起来就比较快和容易。如果是自己讨厌的人说的，就可能本能地加以抵制。有道是："是自己人，什么都好说；不是自己人，一切按规矩来。"正因为如此，在心理学上才产生了"自己人效应"。

通常来说，人们在接触到陌生人的时候，都是抱着防备心态的，如果我们在正式交往之前先做个"热身运动"，向对方表达我们是"自己人"的话，那么，便能很容易获得他的好感，接下来的交流也就容易得多。

因此，社交生活中的人们，要与他人搞好人际关系，就不能不强化"自己人效应"。强化"自己人效应"，从你这个角度而言，就要多强调"我"和"我们"，因为我和我们是第一人称，是暗示对方我们彼此是自己人，这有助于促进双方的交流，加深彼此的关系。

麦琪在纽约的一家大银行供职。有一次，经理告诉她，让她准备一份有关某金融机构的秘密文件。麦琪了解到，只有一个人掌握着她所急需的情报，这个人就是某大公司的总经理。于是，麦琪前去拜访他。

当麦琪好不容易说服了秘书，答应为其引见时，秘书却很为难地说："总经理说他正在收集邮票。可是今天他没收集到，很沮丧。"

麦琪说明了来意，开始提问。但那位总经理显得心不在焉，根本无心对麦琪透露半点情报。麦琪愁眉苦脸地离开后，绞尽脑汁想该如何能够得到那些情报，突然，她想起一件事，自己的儿子不是也在收集邮票吗？要是拿新推出的某个玩具和儿子换，应该不是问题。

果然，她的儿子答应了和母亲的这笔"交易"。

第二天下午，麦琪带着邮票去拜访那位总经理。总经理满脸喜悦地接待了麦琪，接下来的一小时，他们都在谈论邮票。之后，总经理主动把他所知道的都告诉了麦琪，并把自己所有的文件资料都给了麦琪。

这则案例中，麦琪是怎么给这位总经理留下好印象的？很简单，因为邮票，麦琪带着收集的邮票与其交谈表明：他们有共同的爱好——收集邮票，而且，对方必当也很感激麦琪能忍痛割爱，自然也愿意帮助麦琪。

当然，除了多提我和我们来暗示彼此是自己人之外，暗示的方法还有很多，无论如何，只要你能主动表明你和对方在价值观、态度、兴趣以及其他某些方面相近或者相同的话，那么，就会让对方感觉到你们是同一类人，进而能拉近彼此间的心理距离，最终形成良好的人际关系。

具体来说，与人交谈中，你可以这样制造“自己人效应”：

首先，要善于观察，捕捉对方的信息，把握真实的态度，寻找其积极的、你可以接受的观点。

其次，寻找时机，恰到好处地向对方表明你们是自己人：

1. 多强调你们之间的共同爱好和兴趣

若与对方有共同点，就算再细微的也要强调，人与人之间一旦有了共同点，就可以很快地消除彼此间的陌生感，产生亲近的感觉。这样不但可以使对方感到轻松，同时也具有使对方说出真心话的作用。

如果对方喜欢集邮，那么你可以对客户说：“我对邮票也非常有兴趣，可是一直不知道如何收集和分类，您能给我一些好的建议么？”如果对方是个时尚女性，那么，她对服饰和妆容也应该会感兴趣。如此一来，当你在跟对方沟通时就不怕没有话题，也比较容易拉近关系。

2. 多说“我”和“我们”，少说“你”

为了能让对方觉得你和他是站在同一战线的、是为了他好，你在说话的时候，不要总说“你应该……”，而应常说“我会很担心的，如果你……”。

3. 分享对方的感受

无论对方是向你报喜还是诉苦，你最好暂停手边的工作，静心倾听。若边工作边听，也要及时作出反应，表示出自己的想法或感受，倘若只是敷衍了事，对方得不到积极的回应，他也就懒得与你交谈了。

4. 多关心对方，从细节入手

懂得关心他人的人最容易获得好感。从另一个方面看，认同感的产生，表明你已经赢得了对方的好感。通常情况下，如果你将这种好感搁浅，你们会返回到陌生人的状态，因此，你不妨多关心对方，这种关系自然会深化。

总之，即使是刚认识的陌生人，彼此也会有许多相同的地方。或者是共同的兴趣爱好，或者是在籍贯、经历方面有相似的地方。综上，共同的话题可以有很多，只要你多花些心思，多一些锻炼，并且善于暗示对方，暗示你们是自己人，那么，肯定能起到促进交流的作用。

向对方求助，暗示对方有能力做到

社会是一个大舞台，在这个舞台上，我们若想获得友谊，必须学会在交际应酬中灵活应变，在适当的时候我们需要抬高他人，把优越感让给别人。在交往中，任何人都希望能得到别人的肯定性评价，都在不自觉地强烈维护着自己的形象和尊严，如果你的谈话过分地显示出高人一等的优越感，那么无形之中是对他人自尊和自信的一种挑战与轻视。而聪明人则会让自己“低人一等”，他们经常使用的方法是利用示弱法求助对方，以此暗示对方的优越性，从而让对方接受自己。

小刘是一家大药房的导购员。有一天，一位顾客前来买药。

小刘：“先生，请问您需要购买什么方面的药？”

顾客：“都有哪些胃药？”

小刘：“我们这里胃药很多，不过我推荐您购买A厂生产的胃药，这是市场上很畅销的药品。”

谁知，这位顾客撇撇嘴，冷笑一声：“这种药品只能去蒙普通人，这厂家用的药材都不是从正规渠上进的，质量差得远了。我还听说几个月前，这个厂因产品出现质量问题，差点被告上法庭。你说，这种产品，我敢要吗？”

小刘一听，知道遇到内行人了，她立刻改变策略，恭维道：“您真行！这么内幕的事都能知道，跟您相比，我们导购员真是井底之蛙了。”

顾客：“那是！我代理过某药品好几年，医药行业的这点破事，哪能逃过我的耳朵。”顾客得意洋洋。

小刘：“原来是老前辈了！刚才我还跟您推荐药，真是班门弄斧了。那您觉得用哪个厂生产的药才放心？”

顾客：“告诉你，B厂生产的药比较可靠，他们靠近原料产地，厂长为人也实在，估计B厂生产的药品不会差到哪里去。”

小刘趁机说道：“跟您聊一会，真长见识！您要几盒？我给您拿去。”听罢，顾客痛快地要了两盒。

顾客离开前，小刘还不忘恭维道：“以后，您要常来药店指导工作呀！”

每个顾客在购买前，都会对所购买的产品进行一番了解，这是人之常情。一般情况下，这也是能为销售员所应对的。但如果我们遇到的是一些自视甚高的客户，那么，我们就要利用客户的这种优越感，对顾客进行一番投其所好的恭维，因为专业型顾客自己心中有数，基本上不会听从导购员的意见。与其费尽口舌推荐药，还不如以请教的姿态，主动倾听顾客的见解，满足其心理。

然而，交际中，我们不难发现这样的人，表面上看，他们能说会道、口若悬河，但一开口说话，就让人感觉到他很狂妄，因此别人很难接受他的任何观点和建议。其实，这种人大多数都是因为急于表现自己，想让别人认为自己很有能力、看得起自己，但结果常常事与愿违，那些妄自尊大，高看自己，小看别人的人总会引起别人的反感，最终在交往中使自己走到孤立无援的地步，失掉了在朋友中的威信。

有一位领导，想让下属小李给自己办件事——翻译一篇稿子，于是，他把小李叫到办公室，对小李说："小李，你今天看起来不错啊，听说你最近很闲，是不是没什么事情干。这样吧，听说你以前是英文专业毕业的，反正你也是闲着，就帮我把这篇稿子翻译一下，这个周末之前交给我！"

"周末？今天都周四了，不好意思，我恐怕要跟您说声抱歉了。下周一我就得出差，还需要准备很多资料呢，可能没时间为您翻译，对了，科长不是专业英语研究生毕业吗？这点事，对您来说，肯定是小儿科吧。反正我正职的工作都做不好，更别说翻译这么重要的事情了。"

"啊，我知道了，算了，不求你也罢。"

这里，可以看出，这位领导拜托下属办事的方式方法实在不妥，求人办事，首先最重要的就是态度问题，而他却一开口就贬低自己的下属，说下属很"清闲"，如此一来，对方哪还愿意帮你做事，这实在是糟糕透顶的谈话。

事实上，生活中，很多人在求人办事的时候，都忽略了这一点，不但不从别人的角度考虑反而贬低他人，这样，对方的自尊心难免受到伤害，可能这次他碍于面子帮了你，但久而久之，他就会避开你。

此处，假如这位领导能换一种说法，就不会碰壁了："小李，最近挺忙的吧，现在的年轻人压力都很大啊，单单说工作，要开会，要出差还要兼顾办公室的工作，但能者多劳，有努力就会有收获！我听人说你的英文不错，不知能否抽空帮我翻译一下这篇文章呢？这是非常重要的资料，急着要的，行吗？"想必，小李就是忙得焦头烂额，也会在百忙中抽时间为他翻译稿子。如此和气的请托，谁会忍心拒绝呢？

当然，适度示弱把优越性让给对方，并不是意味着我们要卑躬屈膝，要知道，谁都不希望被人恶意奉承；另外，我们求人办事，也要发自真心。西方有句格言："请用花一样的语言说话。"如果你想获得成功，就不妨多说些示弱的话，暗示对方的优越性，使你的语言像花一样绽放，让对方心情愉悦起来，与你进行良好的沟通交流，为彼此的关系奠定一个好的基础。

事事说中，暗示对方你是个可信的人

现实生活中，应该有很多人都算过命，并且对算命先生的话深信不疑，那么，算命先生是怎么让求助者信任他们的呢？很简单，首先，算命先生会说出一连串与求助者相符合的“事实”，比如，“你家中有三姐妹吧。”“你在八岁的时候受过一次伤？”“你父母婚姻不顺。”等，一旦你点头，那么便证明你开始信任他了，接下来，他们要做的就是在已有信任的基础上发挥自己的“算命能力”了，而对于他的话，你是确信不疑的。

那么，算命先生真的有那么神吗？当然不是，我们先将其是“如何知晓这些事实”的这一问题放在一边，这里，我们不得不承认的一个事实是，他们利用暗示的方法获得我们的信任。为此，我们不难得出这一技巧的精髓：事事说中，会让对方对你肃然起敬，认为你的话很可信。同样，人际交往中，在正式结识前，先对对方进行一番了解，然后通过事事说中这一方法来暗示对方，这样，不仅能掌握一些双方交谈的谈资，更能帮助我们赢得对方的信任。我们先来看下面一个故事：

杰克攻读完心理学硕士研究生以后，被一家心理学机构高薪聘请，但缺乏实战经验的他被安排在最底层实习一个月，自然，这在情理之中。

有一天下午四点左右，他遇到一个麻烦的客户，很多问题他都解决不了，大家都在忙，他想，去问主管吧，刚好可以交流一下。当他敲门进去的时候，主管正在看一本杂志，杰克心想，做领导真好，这么悠闲。于是，杰克慢慢地把事情和领导说清楚，可是杰克却注意到了领导的一个动作：双手合拢，从上往下压，根据杰克的经验，领导一定是遇到了什么事情，再一看，领导办公桌上有一封信，并不是公司信件，杰克明白了，估计刚刚主管看杂志也是想让自己镇定下来，随后，为了不打扰主管，杰克找理由离开了办公室。从办公室出来后，杰克问了主管秘书到底是怎么回事，原来是主管在美国的老父突然病逝，昨天寄来的信。

接下来，杰克并没有着急回家，而是在公司大厅等候，后来，主管出来了，杰克拍了拍他的肩膀说："不要伤心了，走，去喝一杯。"主管先是一惊，杰克是怎么知道的？但无论如何，他还是答应了。那天晚上，半醉之下，主管跟杰克说了很多真心话，尤其是老父亲是怎么辛苦培育自己的。

经过那次之后，杰克便和主管在私下成为最铁的朋友。

毕竟是学心理学的，从领导的几个小动作中，杰克就看出了他有心事急需平静，便不再打扰，聪明的他很快又从秘书那里得知发生的事情，然后他便扮演了一个知心朋友的角色，领导就会感觉到杰克的善解人意，关系自然会拉进一步。

从这个故事中，我们不难发现，获得对方信任、增进人际关系的一个方法便是说中对方的事，让对方和自己站在同一战线上。那么，具体来说，我们该怎样运用这一暗示方法呢？

1. 事前多了解，不能说错

要想说中对方的事，有时候，并不是猜就能达到的，因此，在与人交往前，我们最好先做一番了解，并且，对对方的了解，越细致越好，而如果你说错了对方的事，那么，你所做的努力只能前功尽弃，比如，原本你想与某人套近乎，对方姓王，你却一开口就说："你就是××公司的李经理吧。"对方还有与你交谈的兴趣吗？

2. 说中对方的心事最佳

人的一生是由无数个大大小小的事构成的，但不是所有的事，都能被我们记住，也不是所有的事都会成为我们刻骨铭心的"记忆"。因此，提及别人自己都记不起来的事，会让对方丈二和尚摸不着头脑，也是无法起到让对方信任的作用的。所以聪明的人会选择说中对方的心事，一开口便能击中对方的内心世界，你还担心彼此没有交谈的话题吗？

当然，以上两点都是基于对交谈对方了解的基础上，不过同时，我们还要善于观察，善用心理暗示法，把话说到对方心坎上，才能真正让对方对我们敞开心扉！

秘密交换法，暗示你们是朋友

生活中的人们，想必你肯定有闺蜜或者死党，还记得你们是如何建立友谊的吗？你一定不能否认一点，那就是交换秘密。当彼此互诉衷肠以后，各自就会敞开心扉。当一个人想与另外一个人建立比较亲密的关系时，最直接的办法就是分享秘密。

人与人之间之所以由陌生人成为朋友，就是因为情感的共鸣！从心理学的角度看，人际关系的疏近，是与其交谈的话题有一定关系的，关系越密切，所谈话题越个人化、私密化。但交谈之初，交往双方往往是互存芥蒂之心的，而这对于整个交流无疑是毫无益处的，此时，如果我们能主动跨出交往的第一步，向对方透露自己的一些私事，那么便能给对方一个暗示：我们之间关系很好，你可以向我倾诉你的心事。所以，主动袒露自己的心声是一种很好的暗示技巧。

下班了，办公室里空空荡荡的，只剩下两名女员工刘慧和陈云还没有走。刘慧拿起电话开始打电话："你在哪儿呢？什么时候回家？啊……可是……我都买好菜了……好吧……就这样吧！"挂了电话，刘慧的眼眶湿润了，心里像办公室一样空落落的。今天是他们结婚七周年的纪念日，可是老公不仅忘记了，而且连晚饭都不回家吃，刘慧已经记不清楚有多少夜晚是自己独自一个人度过的了。

“怎么了？”一双温暖而干燥的手搭在刘慧的肩膀上，原来是新来的陈云，除了刘慧之外，办公室里就只有陈云了。刘慧勉强地牵动了一下嘴角，说：“都下班了，你怎么还不回家？”陈云不屑地撇了撇嘴巴，说：“家？要是家里就我自己一个人，还能算家吗？还不如待在办公室心里清静呢！”

刘慧看了看面前的这个三十多岁的女人，尽管同事们都说她很难相处，但是，此时此刻，刘慧分明从陈云的脸上看到了一种和自己相似的落寞。看到别人也有落寞，刘慧反倒放松了，她蹭的站起来，大声说：“咱们一起去吃韩国烤肉吧，我请客！”想不到，结婚纪念日居然要和一个刚刚认识的同事一起度过，刘慧不禁讽刺地笑了笑。直到酒过三巡，刘慧才和陈云说今天是自己结婚七周年的纪念日。想不到，陈云一点儿也不感到惊讶，反而说自己的好几个结婚纪念日也是一个人度过的。

刘慧愣住了，泪水突然一串串地滚下来。在一个和自己有着相似经历的人面前，她彻底崩溃了，把自己心里的苦闷一股脑儿地说了出来。

夜深了，陈云把俨然已经喝多了的刘慧送回家。工作这么多年来，刘慧从来没有把任何同事带到自己的家里，因为她觉得家是只属于亲人的地方。但是，就只是吃一顿饭的功夫，刘慧已经把陈云当成了自己最要好的朋友。

这则故事里，是什么让这两个刚认识不久的女人成为朋友？是相同的经历！交谈之初，刘慧并没有打算和陈云说自己的心事，但一听到陈云有着和自己相同的难处，便敞开了心扉。

随着社会的进步，人们越来越渴望交往，于是，就有了社交，但无论是哪一种社交形式，都需要交谈双方的主动意愿，都要起到传递信息、交流思想的作用。可是，又是什么能带动交谈双方吐露心声呢？很简单，答案就是“秘密的交换”。因此，在双方交流中，如果你能主动先透露自己的“秘密”，那么，就很容易赢得对方的信任，对方自然也就愿意向你袒露心声。

可见，交换秘密这一暗示方法，给对方一种心理暗示：你们是朋友，这样，在与难以相处的人打交道时你会更有效率，而且你会发现这些人似乎没有那么难以相处。与此同时也提高了自己与人沟通、人际交往的能力。

那么，具体来说，我们应该如何用自己的秘密去交换对方的心事呢？

1. 适度自曝短处

比如，闲暇时候，你可以和同事闲聊自己曾经失败的事，这比谈自己成功的事，更易拉近彼此间的距离。因为总是炫耀自己成功的光荣事情，容易让人产生反感，而留下不好的印象。而说说自己的短处，这样，我们就避免了故意犯错，首先在态度上我们已经示弱并表示了友好，对方没有不接受的道理。

暴露自己，要达到让对方产生如“这个人有点小缺点，但是其他方面挑不出毛病来，是个相当不错的人”类似的想法。然后，对方也会时不时地向你“爆料”一些个人私事，甚至愿意把你当成知心朋友。

2. 把握暴露秘密的度

提倡“自我暴露”，并不是让你把自己的“老底”都揭给对方看，不分场合和对象地将自己“暴露无遗”。我们不妨选择暴露那些不会影响到整体形象的“小事件”或者“小缺点”、“小毛病”等，正因为这些小瑕疵的存在，我们会显得更真实，更可爱。

3. 掌握一些语言上的技巧

使用“请教”、“帮我”等语气，较易获得对方的好感；常用“我们”这两个字可以拉近彼此间的距离。因此善用“我们”来制造彼此间的共同意识，对促进我们的人际关系将会有很大的帮助。

可见，人际交往中，交谈双方找到共同话题，可以消除你与他人之间的陌生感，更能建立信任。能不能找到话题，主动地搭上话比会不会讲话更重要。而这个话题，也就是交谈双方共同感兴趣的人和事。对此，我们可以主动地表露自己的一些小秘密，这样可以让对方感觉到你的主动、大方、友好亲切，当对方对你的兴趣产生心理认同感后，就会与你一拍即合、达到情感的共鸣。

说话装装糊涂，暗示对方你是个单纯的人

生活中，我们都有这样的感触：那些骗人者似乎都为人精明，而那些犯傻糊涂的人似乎更单纯，所以，几千年以来，真正的智者都懂得一条心理暗示策略——对自己糊涂点、装装傻，更易获得他人的信任。在当今社会，会装傻的人也往往左右逢源，交际中如鱼得水，装傻是一种最高境界的交际哲学，也是一种心理暗示策略，因此，装傻并非真傻，而是大智若愚。

一天，曹操邀请刘备来喝酒。

酒酣之际，曹操心血来潮，便问刘备："你说这年头谁是英雄？"

刘备自然认为自己就是一世英雄，但此时，却万不能表明心迹，说了会有性命之忧，于是，他只好与曹操打起了酒官司，顾左右言其它。谁知道，刘备绕了半天话后，曹操有些不耐烦了，就直接说："别绕了！这年头真正的英雄人物就是你跟我。"

此时，天上"轰隆"一声打了个巨雷，刘备居然吓得筷子都掉地上了。曹操纳闷，便问："怎么啦？"

刘备赶紧把筷子捡起来，然后顺口说了句："这么大的雷，吓死我了。"曹操哈哈一笑："大丈夫怎么可以怕雷呢？"刘备赶紧接口："孔子是圣人，他也怕打雷，别说我了。"

此时张飞关羽两人怕曹操会杀刘备，闯了进来。见刘备没事，关羽连忙掩饰说自己来舞剑助兴。

曹操说："这又不是鸿门宴。"然后斟酒让他们压惊。后来三人一起出来，刘备说："我在曹操的地盘上天天种菜，就是要让他知道我胸无大志，没想到刚才曹操竟说我是英雄，吓得我筷子都掉了。又怕曹操生疑，所以我就说自己怕打雷掩饰过去了。"关羽张飞佩服得不得了。

可以说，放走刘备，是曹操一生中最大的错误，因为曹操已经一眼看出刘备是当时真正的英雄。曹操甚至说了这样的话："今天下英雄，唯使君与操耳！"这句话是载入史册的。而曹操"煮酒论英雄"，也只是为了试探刘备有无称雄的志向，刘备自然心知肚明，他就是担心曹操把他当作对手，就是怕曹操把他当作英雄。如果那样，刘备不但不能为他日成就自己的伟业招兵买马，甚至可能会丧失性命。于是在曹操追问他天下英雄时，他假装糊涂，处处设防，甚至用一些其他人物来搪塞，比如袁绍、袁术、刘表等。以刘备的胸怀，这些碌碌无用之人，又怎么能入他的眼睛？而这些搪塞之语都被曹操寥寥简略的评价一一驳回，针针见血。而从心理角度说，刘备称自己害怕打雷，正是让曹操认为刘备是胸无大志的人，从而放走刘备，为刘备的崛起做了最初的工作。

懂得装假者绝非傻子，憨厚有时是最高智慧者才能为之。许多时候，要想得到别人的信任，就必须掩藏你的精明。

有一个5岁大的孩子，大家都说他傻，因为当别人同时拿出5毛钱和1块钱，让他去选择，孩子总是选择5毛钱，而不要1块钱。于是，大人们就觉得孩子傻，竟然不知道1块钱比5毛钱的面额大。

有一个外地来的人听说了这个小孩，他不相信真有这么傻的孩子。然后他找到了孩子，同样拿出5毛钱和1块钱让孩子选择，结果孩子真的选择了5毛钱。

外地人觉得不可思议，他问孩子："难道你真的不知道1块钱比5毛钱能买更多的东西吗？"

孩子小声的说："我当然知道了，但是如果我选择了1块钱，以后就没有人跟我玩这个游戏了。"

事实上小孩并不傻，可以说是聪明绝顶，但是他宁愿像个傻子一样去选择5毛钱，因为他选择了5毛钱，就会有人不断的来测试他，所以他就能不断的得到5毛钱。如果他选择了1块钱，那他得到的也仅仅是1块钱而已。他把自己装成傻子，于是傻子当得越久，他就拿得越多。这就是孩子的傻子哲学。

我们发现，那些看上去愚钝的人似乎人际关系更好，在交际方面如鱼得水、游刃有余，这是为什么呢？因为从心理学的角度看，人们认为，那些笨一点的人没有多少心眼，不会“算计”他人，因而人们更愿意相信他们。鉴于这一点，我们在与人交往的过程中，要想得到对方的信任，也就不能表现得太过聪明，而应该装装傻，其实装傻也有一定的技巧和原则，掌握得好，成功地装傻并不是什么难事。

具体说来，需要我们做到：

1. 睁一只眼闭一只眼，不要指出对方的错误

要运用好这一冷读术，在与人交往的过程中，我们就要做到睁一只眼闭一只眼，揣着明白装糊涂，这是一种大智慧。语言的功效固然不容置疑，但是很多时候单凭言语难以说服对方，采用交际情境表义，睁一只眼闭一只眼，如果对方在言论中有一些错误，不要第一个站出来指出，这会让他人很没面子，没有人喜欢结交让自己出丑的人。

2. 修炼“演技”，藏好自己

当然，我们还需要较好的演技，于“大愚”之中藏大智，在人际交往与应酬中，真正有智慧的人是看不出来的：姜子牙用直勾钓鱼，放弃了河中三寸草鱼，钓来500年周氏天下，是舍小取大的智者。范蠡，辅明主，三千勇士奇吞十万铁甲，辨时事，功成知危携美人归隐江湖，是个不可否认的智者、财神；诸葛亮曾躬耕于南阳，而定天下三分之势，屈身于草庐，却引刘备三顾而不辞辛劳。后虽误用马谡而失街亭，虽死守承诺而扶阿斗，但是无人能够否认他是典型的智者。与人交往，虽然不需要“定天下”的大智慧，却也要我们懂得适时“装傻”的冷读术，不露出自己的高明，更不能当面指出对方的错误，做一个单纯的人，更易赢得信任！

第 08 章

潜意识与婚姻，从潜意识经营婚姻更美满

自古以来，“爱情”是人世间永恒的主题。相爱的男女能走到一起，肯定是因为对方有自己欣赏又心动的方面吸引了彼此，但毕竟夫妻是不同的两个个体，有很多不同的部分，有时甚至在人生观、价值观等大的方面都有可能左右相持。在这个时候，我们就应当做到求同存异，尊重对方的观点、尊重对方的行为。事实上，毕竟恋爱的过程，是两个不同的人相互了解，相互磨合，相互改正的过程。只有经历这些，两人才能最终走到一起。

了解男女潜意识中的异性符号

生活中，可能很多男女都遇到过这样的困惑，在某个场合，看到自己心仪的异性，该怎样做才知道对方对自己是不是也有同样的好感呢？很多男女都不知道如何把握和异性之间的距离感。事实上，不论男人还是女人，如果对某个异性有好感，从他（她）的一个眼神或一个小动作就能看出来，这就是潜意识中表现出来的异性符号，了解这些符号，能帮我们探察对方的心理，从而有助于我们采取更进一步的恋爱对策。

我们先来看下面的爱情故事：

在一次朋友组织的聚会上，28岁的小伙小军看到了小翠，小军完全被小翠迷住了，尤其是她那双清澈的大眼睛，回来后，小军怎么也忘不了，所以，他认定，这个单纯可爱的姑娘就是自己这辈子要娶的爱人。

然而，小军突然又想到一个问题，他才和小翠认识不到一周的时间，小翠长得那么漂亮，又怎么会看上自己这个穷小子呢？他转念又想，几次接触下来，小翠好像对自己也有点意思。他为此十分纠结，到底怎样才能知道小翠的心思呢？

小军有个学心理学的朋友，在一次谈话中，这个朋友告诉他，看一个女人是不是喜欢你，只要看她的一些小动作便能知道。在朋友的一番指导下，小军决定主动试探一下小翠的态度。

这天，下班后，小军把小翠约到了他们上次见面的咖啡馆，刚开始的时候，他们面对面坐着，两个人谁都没有说话，沉默地喝着咖啡。小军想让小翠先说点什么，但小翠只顾摆弄自己的手机。“糟了，他肯定对我没意思，不然怎么会一直玩手机呢？”小军心想。

“你想点一些别的什么小吃吗？都下班时间了，应该饿了。”小军很体贴地提建议。

“不用了，下午我在办公室吃过东西了，再说，我包里还有棒棒糖呢，如果你不介意的话，我可以拿出来吃吗？”小翠很调皮地说。

“当然可以。”

接下来，小军的心终于定下来了，因为他的朋友告诉他，如果一个女人当着你的面舔嘴唇或者吃棒棒糖，那么，她就是在向你示爱。

另外，小军还注意到一点，小翠在和他说话的时候，一边吃棒棒糖，一边用手摆弄自己的头发，这也是示爱的动作。

自打这次见面以后，小军肯定了小翠对自己的感觉，于是，他趁热打铁，对小翠紧追不舍，不到一个月的功夫，他与小翠就成为了男女朋友。

这是一个美好的结局。故事中，青年小军不知道小翠对自己的态度，然后，在朋友的指导下，他在与小翠约会时注意到对方有几个示爱的动作，比如吃棒棒糖、拨弄头发等，从而确定了小翠的想法。

从这个故事中，我们也可以得出一点，男女交往，你是否获得异性的好感，有时只需要看对方的一个微动作，接下来，我们看看两性专家是如何教你识别男女的异性符号的：

1. 男人篇

① 保持微笑。

一切的好感都是从笑容开始的，这也是一个男人对异性表达好感最简单的方式。

② 双手插兜。

男性在面对你站立时，如果将双手置于胯部或者手插裤兜，那么，这是他在为了吸引你的注意而表示出来的自信。

③ 眼神专注。

如果他长时间地盯着你看，那么，这是表达爱慕的重要标志，他一定认为你与众不同，你的一颦一笑可能都吸引了他。

④ 倾斜头部。

当一个男性与你说话时，头部倾斜，同时睁大眼睛，这说明他对你的每一句话都感兴趣。研究发现，当人们被某人所吸引时，瞳孔会自然地扩张变大，用以引起对方注意。

⑤ 眉毛抬高。

当你们有所交流时，眉毛一直保持上抬，这是一个示爱的确切信号。

⑥ 轻微肢体触碰。

在交谈时不经意地碰触她的胳膊或者腰部，这绝对是示爱的直接方式。注意不要太过分，适当的接触就好。

2. 女人篇

① 舔嘴唇。

研究发现，当女性对某个男性产生兴趣时，会下意识地舔嘴唇。这个动作的确会吸引男人的注意，甚至让他想入非非。当然在公共场合舔嘴唇可能不妥，所以，一些女性会选择吃糖果来达到同样的效果。

② 冲他点头微笑。

谁也不能抗拒微笑的魅力，一般来说，女性在面对自己心仪的异性时，都会冲对方微笑，如果男方会意，则会点头回应，那么，一场浪漫的爱情可能就开始了。

③ 拨弄头发。

在遇到心仪的男性时，女性会下意识地拨弄或者整理头发，这个动作在很多男性眼中是性感的举动。

④ 膝盖和脚尖朝向对方。

如果男女双方不是并排坐在车上，如果女性对该男性有兴趣，就会同时用膝盖和脚尖朝向对方，这是在告诉他“我对你很感兴趣”。

无论男女，在面对心仪的异性时，身体、表情都会下意识地发生变化，观察异性的这些潜意识释放出来的信号，能帮助我们了解对方的心意。

拆不散的爱情：感情越是受阻，关系越是亲密

爱情源于两个人的吸引，是感性的，自古以来，美好的爱情都是人们所向往的。每个人都希望与自己的爱人携手相伴、共结连理、矢志不渝，然而，现实生活中，因为种种原因，不少人的爱情都遇到了来自各方面的阻力，而在阻力面前，这些人更加坚定自己的信念，这是为什么呢？

我们先来看看心理学上的这一现象——“罗密欧与朱丽叶效应”。

这一效应的由来是：在莎士比亚的经典名剧《罗密欧与朱丽叶》中，主人公罗密欧与朱丽叶两人相爱了，但双方的家庭之间却是世仇，对于他们之间的爱情，双方家长都很反对，但即使面对外界强大的压力，并没有使他们分手，反而使他们爱得更深，直至殉情。

“罗密欧与朱丽叶效应”就来源于这个故事，在一定范围内，长辈或父母越是反对儿女的感情，这两人之间就越是会站在同一阵营，彼此之间的感情也会更深。也就是说，如果出现干扰恋爱双方爱情关系的外在力量，恋爱双方的情感反而会更强烈，恋爱关系也因此更加牢固。

那么，面对外界的阻力，为什么大部分情侣之间的关系会更亲密呢？这是因为人们的潜意识里，对于那些越是得不到的东西，就会越渴望，也就是人们都有害怕失去的心理。

我们先来看下面的故事：

有这样一对情侣，他们相识于大学时代。刚开始的时候，男孩的父母就表示强烈的反对。因为男孩是家里的独子，所以父母一心想让他大学毕业后回到家乡内蒙工作。而女孩也是家里的独生女，她的父母也想让她大学毕业后回到家乡广东工作。仔细想来，男孩的父母真的是头都大了，到底去谁家好呢？显然是都不合适。最合乎理想的是大学毕业后先回到老家找一份稳定的工作，然后在本地找一个知根知底的女朋友，按部就班，万无一失地结婚、生子、过日子。但是，男孩明显不愿意听从父母的建议。

其实，男孩的父母心里很清楚，儿子从小就有主意，自己拿定主意的事情很难改变想法，而且，男孩的逆反心理很重，如果父母说得不合他的心意，他就会坚定地选择与父母对着干。父母想来想去，虽然表示了强烈的反对，但是却一直没有采取具体的行动，因为他们恐怕起到相反的效果，导致事与愿违，万一儿子生气决定去女友家发展呢？

男孩是个聪明的小伙子，他知道父母肯定也想到了这点，于是，他和女友商量好，哪里都不去，就待在他们读书的城市——北京，并且，他也让女孩这么跟家里“斗心”，当他们把想法都告诉双方父母时，没想到四位老人都同意了，他们还建议两个孩子再读个研究生，以后在北京落户也方便些。男孩喜出望外，马上就采纳了父母的建议。

诚然，男孩敢于和父母对着干，是因为他了解自己的父母，他们害怕自己的儿子因为逆反而一气之下去了广州。而当得知儿子做出了留在北京的决定之后，男孩的父母一颗心终于落地了，毕竟北京比广东距离内蒙近多了，并且儿子也不用去适应广东与内蒙截然不同的环境气候与饮食习惯了。老两口自我安慰道：如果儿子能在北京落户，不也是很好吗？想儿子了随时就可以去看看，比去广州方便多了。而男孩的心里也是美滋滋的，得到了父母的谅解与支持，他与女友的爱情就显得更加美满了。

真可谓有情人终成眷属，这样的结局是我们渴望看到的。这里，让我们感到欣慰的是，面对父母的反对，这对情侣选择曲线救国，攻心为上，而不是放弃这一段已经维系多年的感情。

有人问，人生在世，最珍贵的是什么？长久以来，大多数人认为世间最珍贵的东西是“得不到”和“已失去”的。人们常说得不到的东西才是最珍贵的。是啊，因为得不到，我们才憧憬，才梦想，才穷其一生去追求。哪怕像飞蛾扑火，哪怕像空中楼阁，哪怕像懒汉仰头等待天上掉馅饼，哪怕像沙漠行者奔跑着扑向海市蜃楼。因为得不到，我们会怅然若失，会绝望，会撕心裂肺的痛。这种感觉会深刻的印在我们的记忆中，挥之不去，会时时困绕着我们的思想，影响着我们的生活，搅的我们寝食难安。我们念念不忘得不到的东西，于是便认定它才是最珍贵的。得不到和已失去的固然珍贵，但这并不是最珍贵的，人间最珍贵的应该是把握好现在你手中的幸福，好好珍惜眼前人，珍惜你所拥有的东西。因为只有珍惜了，你就不会为将来失去了而痛苦，就没有时间为得不到的东西而耿耿于怀。我们任何一个人，都希望自己爱情顺利、婚姻幸福，然而，人们总是会遇到一些不和谐的因素，此时，就需要男女双方共同努力、共同经营，而不是轻易放弃。

当然，无论是爱情还是婚姻生活，也都是需要我们经营的，相爱的双方能够走到一起，是需要共同付出努力的，如果你的爱情受到了某种阻力，那么，千万不要轻易放弃，寻找积极的方法解决，最终你会收获幸福的婚姻。

如何识别男人花心与否

作为女人，相信每个女性都希望自己能找到一位对自己死心塌地的爱人，但毕竟人是善于伪装的，一些花心男人也会掩饰自己的花心行为，但人的潜意识是不会撒谎的，而花心男人通常会做出一些“奇怪”的行为，为此，只要我们细心观察，就能找到蛛丝马迹。当然，如果他是个花心的男人，那么，你最好趁早斩断情丝。

我们先来看一个女人的自白：

“我认识我老公的时候，他当时刚刚失恋。随后，他开始追我，那阵子我身体很不好，住在医院，他便天天去看我。但家人以及所有的朋友都反对我嫁给他，其中一个朋友对我说，穷男人不能嫁，花心男人更不能嫁，如果又穷又花心，那就是火坑。他们告诉我他在我之前至少跟5个女人同居过。我没有介意，因为他并没有瞒我。结婚后一个月我怀孕了，到那时我才知道，他为了娶我，欠了很多债。我跟他商量，以后他的工资做日常开销，我的存起来，以备不时之需。他同意了。但因为我的工资比他高出很多，在每个月发薪水那天，他都会发脾气。再后来女儿出生，他却在那个时候辞了职，说是要做生意。我把我全部的积蓄都给了他。

不幸的是，他根本不是做生意的料，钱全部赔掉了。孩子出生后三个月，我就开始上班，因为家里实在没钱了。而就在那个时候，我发现他有了外遇。他对我坦白，说他过去的那个女朋友来找他了。我当时就哭了，但他向我保证，以后不会再做对不起我的事情。但不久，我就撞到他们在一起，那一次，他竟然当着她的面和我提出离婚。那件事情对我打击很大，我病了很长时间。大概两个月后，他来找我，诅咒发誓甚至跪在我面前求我，我相信了他。但不料，我又发现了他和那个女人的暧昧短信。最近我发现自己又怀孕了，我说等我把孩了流掉之后，咱们分开吧，他说不要老说这些话，我跟她没有可能的，你永远是我的老婆，他说想要这个孩子，但是被他伤了这么多次之后，真的很难再去相信他，我到底应该怎么办？”

在听完这段告白之后，也许你会说，遇到这样的男人还有什么犹豫的？可换句话说，如果这样的事情发生在她周围任何一个朋友身上，估计她自己都会坚定地说：“离婚！”花心男人假如屡屡得手，必然是有恃无恐越发猖狂，同时，越来越把你当傻瓜。所以，尽早识破花心男人，既可维护社会安定，也可维护你的个人尊严。在这个问题上，女人决不能心慈手软、姑息养奸。

可是，也许有些女人会问，怎样才能尽早识别身边的男人是不是花心呢？

1. 突然袭击——去他家，看他的反应

如果他是个专一的男人，那么，当他知道你已经在他家楼下时，他一定很高兴，然后亲自去楼下接你；而如果他是个花心的男人，那么，他家肯定有什么不可告人的秘密，当你提出突然要上去看看时，他一定会找借口推脱，如果他惊慌失措地出言拒绝，那一定是心里有鬼，即使不是花心，也是难以信任的，和这样的人交往还是小心为妙。

2. 公共场合，看他对你的态度

有些男人在私底下对自己的女朋友很好，甚至会提出一些亲热的要求，而到了公共场合，他就装出一副不认识你或者与你不熟悉的态度，也不愿意把你介绍给他的朋友，那么，他肯定有问题。要对此进行判断，你不妨主动要求其把你介绍给他的熟人，注意观察他的表情；再或者，你可以主动靠近他，在他朋友面前做出亲昵的举动，要是他的朋友知道他和别的女人有染，他一定会因此狼狈不堪。

3. 看他的手机状态及接听方式

那些花心的男人通常在对待自己的手机上会有以下这些表现：回家后总是把手机小心翼翼地放在自己身边，而且，无论是来电铃声还是短消息的提示音，他都会第一时间拿起独自查看，回复短消息也是悄然进行。

如果你想拿他的手机打个电话，如果他有问题，那么，他肯定找办法拒绝，实在无法拒绝的时候，他会监视着你使用电话，即便如此，在你借用电话时仍会让他坐立不安和惶恐不安，一旦发现有查阅手机记录的迹象，立马会抢夺手机。

4. 要清楚他的收支状况

男人花心也是需要代价的，至少他要在金钱上应付两个或者更多的女人。因此，你要多留个心眼，如果他莫名其妙花去了一大笔钱并没有告诉你，或者在他的口袋里发现了某些适合男女约会场所的收据，那么，你最好要搞清楚真相。

5. 看他身上残留下的香水味道

女人一般都有自己钟爱的香水品牌，所以，如果有一天他的身上残留着你认为陌生的香味，那他就很可能与别的女人有染了。这是一条很古老的鉴别方法，却很有效。

6. 看看他是不是真的在加班、开会

有些男人经常向自己的女朋友谎称自己正在加班、见客户，其实，他们是为了与其他女人约会，对此，你不妨根据他说的，亲自去现场一查究竟，当然，对于你的突然到访你要找个好点的借口，比如，顺路送点汤、在附近逛街等。如果结论是他说了谎，那你就需要重新认识这个男人了。需要指出的是，这一条务必慎重，仅凭本条是没法最终定案的。

婚姻中的“不理解”是怎么造成的

我们都知道，婚姻生活中，免不了磕磕碰碰，每每遇到婚姻中的问题、双方吵得不可开交时，我们都会说："为什么你就是不理解我。"其实，我们原本就忽视了一点，婚姻本来就是由夫妻双方两个完全不同的个体组织起来的，婚姻需要相互包容，夫妻之间，无论如何，都要学会心平气和地沟通，如果关闭了沟通这道门，就会真的无法理解。

吴强和林晓是一对情侣，两人的性格可以说是互补关系。吴强性格开朗，喜欢结交朋友，常常会因此忘了时间。林晓刚好相反，无论什么时候，她都是一副文静的样子，就连笑起来，都显得那么秀气，她很不喜欢与外界打交道。

吴强有一个最大的爱好，那就是跳舞，每个周末他都会去跳舞，这个爱好最令林晓头痛。因为她最讨厌在这种环境下待着，如果可能，她会选择在家看书或睡觉来打发时间。可是，吴强却每次都要拉着她一起去，非得让她坐陪，美其名曰："有个美女坐在台下观战，我会跳得更加起劲！"

此刻，林晓独自一人坐在台下，看着台上疯狂的吴强，她有些不满，她决定无论如何要与他摊牌，以后她再也不愿意到这种场合来了。于是，回家路上，林晓说道："没想到你的慢四跳得越来越好了，不过我还没看够呢，要不你今天就一路跳回去吧！"听到这里吴强做了个鬼脸："你还真想累死我啊，亏你想得出来，那我得跳到什么时候才能到家啊？深更半夜的，你也不怕我被强盗打劫啊！"听了他的话，林晓趁机说道："你怕什么啊，一个大老爷们，刚才你把我一个人扔在舞厅的时候，你都不怕我被人占便宜吗？"听到这里，吴强才明白，原来林晓为陪他来跳舞这事不满呢，赶紧追上林晓赔不是。

吴强与林晓是一对情侣，双方性格不同，自然爱好也就不同。性格开朗的吴强喜欢跳舞，每次都要拉上林晓。在这种混乱的环境中，林晓很生气。然而，她并没有直接吵闹，而是借用幽默的方法来表达不满，让吴强自己意识到错误。这样一来，不仅问题得到解决，吴强也会更喜欢这个替他着想的女友了。

所以，处于婚恋中的人们都要明白一点，一定要学会站在对方的角度看问题，学会理解和包容对方，才是婚姻长久的根基。

为此，无论男女双方，都需要记住：

1. 女人要信任男人

任何一个女人都要明白，即便你的男人爱你，你也要注意不要全部解剖了彼此的心灵，那样的话只会留下情感的僵尸！可是谁都想要灵与肉完美的爱人不要僵尸。

生活中，我们常提到“信任”一词，可以说，信任是爱人之间感情存在的基础，一对互不认识的男女牵手靠信任，恋人由恋爱进入婚姻的殿堂也需要信任。任何一个男人，都希望自己的妻子或女朋友能够充分信任自己，而猜忌是感情的最大杀手，而事实上，猜忌也是婚恋中女人的通病，在我们的身边，似乎总有这样一些看似“精明”的妻子，她们翻看丈夫的公文包，探询丈夫的行踪，查阅丈夫的手机信息，试图为自己的猜想找到蛛丝马迹，当她们把这些想法付诸行动的时候，往往酿出一场场家庭悲剧。

我们不能否认的是，女人的猜疑心、控制欲是与生俱来的，而且缺乏安全感，在现代婚恋中表现得更加明显，尤其是现代社会，家外花花草草的诱惑真的很多，女性更是防不胜防，管不胜管，假如你因缺乏自信而心生多疑，因担心男人去采摘路边的野花而处处设防，从而就干脆通过一些私人物品来捕风捉影，那么，只能激怒对方。爱需要自由的空间，再牢固的爱情都经不住质疑，感情一旦产生信任危机，便岌岌可危了。这一点，对于任何一个女人来说，你都要上好这堂课。

2. 男人要体谅和理解女人

可能很多男人在婚前都对女友百般疼爱，尤其是在追求爱情的过程中更是使出浑身解数，说尽各种甜言蜜语，一旦结婚，似乎就有一种“既成事实”的感觉，认为只需要赚钱养家、给老婆充足的物质生活即可，实际上，婚姻中的女人同样需要男人的体谅。很多男人常说，女人是一种奇怪的动物，你根本无法了解到她内心想的是什么。的确，男人很难读懂女人，更难读懂自己的妻子。也许男人没有用心去读过。其实，女人是可爱的，也是脆弱的。而人群中，你最关心的女人——你的妻子，常常可能让你感到困惑，可能她嘴里问你为什么不发表意见，心里却生怕你表示意见。她嘴里说叫你滚开，心里却想你把她搂得更紧一点。良妻有黄金之价值。

总之，“爱”这个字眼是阳光的，而在一个充满了猜忌、自私的环境里，爱会消失殆尽，而在一个相互尊重、接纳、诚恳的环境里，爱会茁壮成长。

男女其实是相互互补和对抗的两个潜意识个体

任何一个人，都希望拥有和睦、温馨的婚姻生活，然而，家庭生活本身就是由一些性格、生活习惯等不同的夫妻双方组织在一起的，难免会出现一些不和谐的因素，但只要我们能做到心平气和，尊重、理解和包容对方，是能做到求同存异的。

心理学家指出，男女其实是相互互补和对抗的两个潜意识个体，所以，男女双方走在一起，是必须要经过一段时间磨合的，直到双方能接受并且习惯彼此相同或者不同的部分。

银行职员张先生就是个善于经营家庭生活的人。他这样陈述道：

妻子有着一般女人的爱好——逛街，而且经常是日出时出门，日落时还不进门。因为这一点，我和妻子在结婚之初时闹过很多次矛盾。

记得那一次，五一长假的第一天，她就拉着我陪她逛街。我只好硬着头皮去了，谁知道，妻子是个好动的女人，对什么都感兴趣，一会儿看看这个，一会儿看看那个，对于自己想买的东西，不仅要货比三家，还要讨价还价，我实在受不了，就催她赶紧付钱，结果妻子不高兴了。回家后，我们吵了一架。

自从那次后，只要妻子再拉我去逛街，我都千方百计地找借口推辞，时间长了，她也就不喊我了，而是找自己的姐妹。

其实，刚结婚时，也希望能把妻子好动的性格扭转过来，希望她也能和我一样在家看看报纸，看看新闻，多学点东西，但被妻子“改造”自己的情况说明，把个人喜好和性格强加于人，无异于帮助别人制造痛苦，我的打算也就此“流产”。

如何协调夫妻关系呢？后来，我在翻阅历史书和看新闻时，都看到“求同存异”四个字，这四个字给了我启示，夫妻间也可以求同存异。跟妻子商量，她赞同这观点。于是，我们进一步协商，我们认为，妻好动，就应她去参与适合她的活动，我喜静，则由我去从事自己喜欢的事儿，只要不超原则，即互不干涉；同时，我们觉得，还必须挖掘出一些共同点，否则，两个人的话题会越来越少。于是，我们买了副网球拍，傍晚时，我们就去小区的网球场锻炼。

时间证明，我们这套相处方法还是有效的。妻再去逛街，一般只会告知我一声，我也不用跟着去了。而我则待在家中做自己喜欢的事，如上网聊天看新闻，读书看报写文章，互不干扰，各得其乐。如今我们的婚姻已过了七年之痒，期间少有矛盾摩擦，恩爱和睦。我和妻子的性格如此不同却能和睦相处，我想应该就是求同存异的结果吧！

从张先生的经验之中，我们能看出，他之所以能和妻子和睦相处，恩爱如初，就是因为他们遵循了求同存异的相处之道。

夫妻之间求同存异，就是要尊重对方与自己不同的方面，尊重对方的个性，这也是一个人保持独立人格的基本要求。虽然两个人生活在同一片屋檐下，但仍然是有自己思想的两个个体，依然有各自的爱好和价值观。当然，求同存异也不是放任对方，只要对方的行为不破坏家庭的稳定，有利于保持对方的身心健康，我们就支持。存异的目的是为了求同，这求同对于家庭来说，当然是为了家庭的温馨、家庭的幸福。

在婚姻中，双方性格不同，把自己的喜好、习惯强加于家庭中的其他人，必当会引发很多矛盾。

因此，拥有一个和睦的家庭，就必须要学会求同存异。在面对分歧的时候，我们需要掌握以下四要素：

沟通：相互沟通是维系婚姻家庭幸福的一个关键要素。有什么话不要憋在肚子里，多同对方交流，也让对方多了解自己，这样可以避免许多无谓的误会和矛盾。

慎重：在婚姻中，遇到事情要冷静对待，尤其是遇到问题和矛盾时，要保持理智，不可冲动，冲动不仅不能解决问题，反而会使问题变的更糟，最后受损失的还是整个家庭。你做到了吗？

换位：有时候，己之所欲，也勿施于人。凡事不要把自己的想法强加给爱人，遇到问题的时候多进行一下换位思考，站在对方的角度上好好的想想，这样，你就会更好的理解你的家人。

快乐：只有用快乐的心情才能构建起幸福的家庭。所以，进家门之前，请把在外面的烦恼通通抛掉，带一张笑脸回家。如果双方都能这样做，那么这个家一定会成为一个最最幸福的家庭。

要幸福，就要架一座心灵沟通的桥梁

我们任何人，都希望拥有和睦幸福的婚姻生活，都希望与爱人白头偕老，但实际上，人生漫漫，如果我们希望爱情婚姻经得起考验，就一定要做到在双方之间架起一座心灵沟通的桥梁，向彼此敞开心扉，只有这样，才能共同面对婚姻中的风风雨雨。

事实上，沟通在婚姻家庭作实在太重要了。夫妻之间免不了磕磕碰碰，可能有不少人在与家人争吵时都扮演了受害者的角色，但指责的话刚脱口而出，你就后悔了。和对方说话总是生硬的，或者你的本意也许是好的，可说出来却全变了味——这时一场争执往往在所难免，错误信息的传递眼看就要引发家庭大战。而其实，在问题出现的时候，只要你能静下心来，心平气和地与对方沟通与交流，是能免除很多家庭矛盾的。我们先来看下面两个故事：

约翰夫妇俩因为孩子的教育问题闹了点矛盾，互不理睬。在晚上就寝前，丈夫递给妻子一张字条，上面写着："明天早上7点叫醒我。"第二天，丈夫醒来时已是9点半。他急忙穿衣，只见床上放着一张字条，上面写着："7点了，快起床！"

有一位先生下班回家后，发现他的妻子正在收拾行李。"你在干什么？"他问。

"我再也待不下去了，"她喊道，"一年到头总是争吵不休，我要离开这个家！"

先生困惑地站在那儿，望着他的妻子提着皮箱走出门去。忽然，他跑进寝室，从架子上抓起一个箱子。"等一等，"他喊道："我也待不下去了，我和你一起走！"

夫妻难免会因为一些生活琐事产生矛盾，但又不是快刀斩乱麻般地断绝情义；在这种"割不断，理还乱"的感情状况下，无论哪一方来点幽默，都能化解矛盾，破涕为笑。

实际上，每对夫妻之间可能每天都会遇到一些口角，但无论何种矛盾，都不能凭一时情绪，与对方大吵一架，而应该调节你的情绪，主动敞开心扉与对方沟通，这才是创造和谐关系的秘密所在。

那么，我们是不是也该掌握一些调节家庭矛盾的方法呢？为此，我们在与爱人产生矛盾而进行沟通时，需要掌握以下原则：

1. 带着情绪时不要沟通

情绪会直接影响着你的沟通态度，进而影响着沟通的效果。据说拿破仑的军队有一条纪律，就是士兵犯了错误之后，当官的不能马上批评。因为马上批评，双方都会受情绪影响，不如放一放再批评效果更好。沟通亦然，带着情绪沟通，就很容易使沟通走偏。

2. 双方都要站在对方的角度给予必要的理解和肯定

因为任何结果都有理由，既然对方会形成和你不一样的意见和选择，一定有自己的理由和考虑，你应该理解。如果你表示一下理解，那么在情感上就相当于给了对方一个极大的安慰，使其郁积在胸中的不良情绪也得到缓解和疏通。

3. 要诚恳地道歉

不要认为自己没有错，其实只要是与爱人发生了矛盾，这里面就一定有你的错处。一个巴掌能拍得响吗？退一万步说，即使真的没有错，那么因为你和对方发生了矛盾进而伤害了爱人的感情，这是不是错呢？所以你只要想道歉，就一定能找出道歉的理由。理解和道歉之后，你再把自己的理由和道理讲出来，对方便会容易接受。

4. 不回避、不扩大、限定时间与主题

回避的实质是对抗、是不自信、是无奈；不对抗不是躲避，但是你可以采取一些技巧，比如说暂时撤离。如果情绪特别急那怎么办？你可以暂时撤离或者用幽默的方法把这个结打开。家庭生活中要学会幽默的技巧，甚至限定争吵的时间，“你说吧，我听你说”，这是最好的。即便有一些争执，“好，那么我们吵20分钟，你先说，我后说”，限定时间。

5. 不翻旧账、不指责，忌用“你总是……”“每次……”这样的语句。用开放式语句：“我觉得……你看呢”澄清问题，探寻“怎样你就比较满意？”

然后试行一周或一个月。

6. 找到解决的方法

问题澄清之后那就该探索怎样办？彼此希望怎么样？然后可以试行，沟通了就应该有一个结果，两人各自生气甚至冷战好几天总会留下阴影的，吵架的过程中要变成沟通过程，要澄清问题、探询结果，不要非要分清谁对谁错，家庭是个系统，出了问题往往是系统出了问题，运行模式出了问题，而不是某个人错，而且风水轮流转。这次你主动谦让，下次我主动谦让，如果总是一方得理，那这个沟通就没劲了。

家庭成员间意见不统一，有了矛盾之后，必须要及时地进行沟通。只有通过沟通统一了认识，化解了矛盾，才能使“梗阻”的家庭关系通畅起来，而一味地争吵是起不到任何作用的，反倒会令亲情淡薄关系不和谐，当然，沟通有道，只有掌握了这其中的道理、技艺，才能使沟通取得良好的效果。

总之，相恋的感觉虽然美妙，然而，两个陌生人走到一起，肯定会存在某些方面的分歧，因而，对方的做法或缺点让人心生不满是再正常不过的事情。我们遇到这种情形时，没必要大惊小怪，更没必要心生闷气，而应该静下心来心平气和地沟通，从而化解矛盾、增进感情。

第 09 章

心理暗示与教育，好孩子是可以暗示出来的

作为父母，我们都望子成龙，望女成凤，都想把最好的留给孩子，然而，我们发现，不少家长在教育孩子的问题上，显得过于焦躁，孩子一旦出了些什么问题，就乱了方寸，甚至以为大声呵斥就能让孩子听话，而实际上，这些父母是否想过：你们要求孩子听话和了解你们的意思，但你们有没有了解过孩子的想法？其实，好孩子不是“训斥”出来的，而是暗示出来的，只要我们懂得倾听孩子的心声，互相倾听，互相了解。这样，才能了解孩子心中的所思所想，而后“对症下药”给予适当的引导，使孩子健康成长。

别给孩子一些不良暗示

生活中，我们常听到这样一句流行语："说你行你就行，不行也行；说不行就不行，行也不行。"从心理学的角度讲，这句话有一定的道理。一个人的成长，除了先天因素外，种种影响因素中，社会评价和心理暗示起着非常大的作用。而在他们成长的过程中，他们最信任、最亲近的人就是父母，如果父母给他们的评价是正面的，那么，孩子长大后就会自信、开朗、勇敢。

孩子的世界是简单的，他们的情感也是最直接的，作为父母，你给他什么样子的暗示，他就会做出与暗示一样的事情来。比如，如果你赞扬他是个乖巧的孩子，那么，他就会按照你的意愿，处处都表现得乖巧：不说脏话，主动做家务，不与小朋友打架等；相反，如果你说他不听话，那么，他就会骂人、打人，做出一些让人生气的事情来。

因此，在家庭教育中，每一位父母都应该认识到暗示的作用，尽量不要给孩子一些不良暗示，当孩子受挫后，你也应该找出孩子的闪光点，把这个亮点放大，他就会向着你期望的目标一步一步靠近。

美国有这样一个家庭，母亲是俄罗斯人，她不懂英语，根本看不懂女儿的作业，可是每次女儿把作业拿回来让她看，她都说："棒极了！"然后小心翼翼地挂在客厅的墙壁上。客人来了，她总要很自豪地炫耀："瞧，我女儿写得多棒！"其实女儿写得并不好，可客人见主人这么说，便连连点头附和："不错，不错，真是不错！”女儿受到鼓励，心想：“我明天还要比今天写得更好！”于是，她的作业一天比一天写得好，学习成绩一天比一天提高，后来她成为一名优秀学生，成长为一个杰出人物。

对于孩子来说，一句鼓励的话有巨大的能量，相当于成功的荣誉。孩子小，并不是没有能力，所以，对于孩子来说“成不成为”是一回事，而父母“相不相信”孩子有这样的能力又是另外一回事。当父母相信孩子有能力的时候，就会传达给孩子一种积极的信心，对孩子的期望会转化为孩子行为的动力，影响孩子将来的成就和发展方向。

曾经有一位科学家，在他成长的过程中，他的母亲对他的影响很大。

在他很小的时候，一次，妈妈让他从冰箱里拿出一瓶牛奶，但瓶子很滑，他把牛奶瓶掉在地上，就这样，一瓶牛奶溅得满地都是，他害怕极了，很怕母亲会骂他。

他的母亲听到声响后，走到厨房，并没有生气，而是对他说：“哇，你制造的混乱还真棒！我还没见过这么大的奶水坑呢，在我们清理它以前你要不要在牛奶中玩几分钟？”

几分钟后，母亲说：“你知道，这个混乱是你造成的，你是男子汉，你最好还是把它清理干净，物归原处。在家里有海绵、毛巾，还有拖把，你想怎么处理？”他选了海绵。于是他和妈妈一起清理满地的牛奶。

母亲又说：“我知道，你肯定不是故意打翻牛奶的，因为你还小，那这样吧，现在你要不要再试一次，看看你能不能重新把这件事做好。我们去后院实验吧。”母亲建议他把瓶子里装满水，然后看看他能不能抓得住，他同意了妈妈的建议，并且再一次将装满水的牛奶瓶抓在手上，这一次他发现，如果用双手抓住瓶子上端接近瓶口的地方，就可以握住了。

后来，这位科学家回忆说，他有一位伟大的母亲，他的母亲一直对他采用这种独特的教育方式，这让他从来不害怕犯错误，并且，他的母亲让他认识到，错误只是学习新东西的机会，科学实验也是如此。即使实验失败，我们还是会从中学到有价值的东西。

这里，我们看到了正面暗示对一个人的积极影响。

1. 多看到孩子的优点

教育要严格，并不是说要将孩子批评得一无是处，为此，我们最好从多方面、多层次了解和评价，不能只盯住孩子的缺点。

2. 多鼓励你的孩子，不能因为一次错误而给孩子贴上永久的负面标签

是孩子总会犯错，父母要给孩子改错的机会，并鼓励孩子，每个孩子都是不断地在犯错、认错、改错中成长的。错误是这个世界的一部分，也是与人类共生的一部分。父母切不可因为孩子的一次错误而给孩子贴上永久的负面标签。

3.不宜过分夸大孩子的优点

孩子有好的表现时，父母一定要给予表扬，赞赏之言可以稍微夸大，这有利于增强孩子的自信心，但是不宜过分夸大。

可见，孩子毕竟是孩子，对于别人对自己的评价，孩子会下意识地产生一种认同感，并进而以此塑造自己的行为。而且，这种评价出现的次数越多，对孩子的心理和行为的塑造固化作用越强，甚至会左右其终生。

为孩子创造和谐与充满爱的环境

生活中，我们每个人都像一只小船，而只有家庭，才是我们的港湾，它能给我们带来安全感。同样，每一个孩子，也需要这样一个温馨、和谐的家，只有在这样的家庭环境下，孩子才会感觉到轻松、安全、心情舒畅、情绪稳定，

才有利于孩子身心健康成长。因此，从这一点看，家庭中的父母长辈，也都应该以快乐的情绪生活，并为孩子建立一个温馨和睦的家庭氛围。

小鱼原本出生在一个富足的生意人家庭，父亲经营着一家规模相当大的公司，母亲是一位钢琴家，小鱼从小酷爱钢琴，也许这是母亲的遗传基因。但小鱼十岁那年，父亲不幸车祸去世，祸不单行，父亲留下的财产也被生意对手用奸计抢走，流落街头的母女被一个铁匠收留，为了孩子能有个家，小鱼的母亲不得不嫁给了铁匠，可是因为铁匠的名声很差，生意自然也很差，没有经济保障，小鱼对钢琴的爱好即将化为灰烬。

母亲拼尽全力去抚养女儿，她希望能给小鱼最好的教育，还是送女儿去学习钢琴，小鱼非常喜欢弹琴。可是继父总会出言讥讽她，说女孩学这些都是白花钱，没有任何意义。但因为母亲一直争取，所以也就勉强允许小鱼去上课。

可是铁匠的牢骚越来越多，他的手艺也越来越不受欢迎，生活每况愈下，他也就更多地沉浸于酒海之中，每当他外面受了委屈，小鱼和母亲就成了他的出气筒。后来，为满足自己喝酒的欲望，他断了女儿的抚养费，让年仅10岁的女孩自己出去赚钱，母亲心疼孩子，就拼命在外面做苦工，好让小鱼可以重回课堂。而小鱼却变得越来越忧郁，她不愿意看到母亲受苦，自己也去帮亲戚做活赚点生活费。她受尽亲戚的欺凌和侮辱，再加上实看不惯继父的做派，小鱼真的希望自己能变成一个男孩，这样就能承担起家庭的重担，而后来小鱼喜欢上了打架，为自己的尊严，她选择使用拳头解决问题，她忘记了自己女孩的身份，有一次，小鱼酒后牢骚时，压抑许久的她拍着桌子大骂起继父来，她的这一举动让她的父母目瞪口呆……

实在无法想象，一个有着艺术细胞的女孩怎么会有如此过激的行为，她的生命蓝图已经脱离原来的轨道，而这一切发生的原因，可以归结为她的生存环境，假如小鱼还是当初那个不必为生活担忧的少女，或许她已经在艺术的道路上有所成就了。所以说，给女孩一个良好的成长环境是让女孩健康成长的关键。瑞典教育家爱伦·凯指出：环境对一个人的成长起着非常重要的作用，良好的环境是孩子形成正确思想和优秀人格的基础。这个故事也充分说明了家庭环境对人的影响之大。

为此，父母需要为孩子提供一个良好的成长环境。父母们要记住：所有孩子的优秀品行都不是从天上掉下来的，而是适应环境条件培养出来的。孩子在出生之后，就要尽可能地为她营造一个安静祥和的成长环境，从小使他对生活充满无限的积极幻想，这样，他们在长大成人之后，才能更有品位地生活。

曾经有教育专家做了一项长达数十年的跟踪调查，调查结果显示，那些生长于和谐、温馨家庭氛围中的孩子，他们身上都普遍具有一些优秀特质，比如，积极、乐观、开朗、大方、勤奋好学、求知欲强、智力发展水平高、有开拓进取精神、思想活跃、合作友善、富于同情心。

而另外有一项调查，少管所中，不少孩子都是因为父母感情不和、经常吵架打架，或者父母离异，忽视了与孩子的沟通和对孩子的教育，导致孩子身心发展不健康，致使孩子走上邪路。

家庭成员间的关系如何，会对孩子在以下两个方面产生影响：

那些幸福、温馨的家庭中，成员之间是互相信任的，在这样的环境中成长，孩子终日耳闻目睹，它的感染力是巨大的，潜移默化地使孩子无形中学会了热情、诚实、善良、正直、关心他人等优良个性品质。

另外，在这样的家庭环境中，成员之间是互相爱护的，对于孩子，他们也是疼爱有加的，因此，除了自己的学习和工作外，有更多的精力关心孩子，有利于孩子的智力开发，知识经验的积累以及能力的提高，为入学后的学习打好基础。

孩子犹如一株嫩苗，在一个和谐的家庭中才能健康地成长。为了孩子，也为了全家的幸福，父母长辈们也应该随时保持好心情，从而为孩子创造一个良好的成长环境。

总之，良好的家庭情感，和谐的家庭气氛可给孩子以良好的影响，每一位家长都应从孩子形成优良的个性品质、健康发育成长的责任出发，重视营造一个温馨和睦的家庭环境，以利于孩子成长。

做孩子的朋友，与孩子一起成长

时代在发展，社会在进步。现代家庭中的教育，已经不像以前那么简单了，作为家长，若想获得家庭教育的成功，首要的是更新家庭教育思想和观念。每个时代有每个时代的家庭教育观念，21世纪的家长为什么会在家庭教育中产生困惑？主要是现在社会变化太快了。我们应该既把子女当作子女，也把他们当作朋友，当作一个与家长有平等关系的公民。我们必须抛弃“天下无不是的父母”这种陈腐的观念。

有位母亲这样讲述自己的教育经验——儿子喜欢什么，妈妈就去学什么。

“儿子初三的时候，就已经长到180厘米，酷爱打篮球。而我对篮球一窍不通，为了进入儿子的圈子，我专门去查资料，NBA（美国男子职业篮球联赛）、乔丹、科比、姚明……周末的时候，我会主动跟儿子交流：‘晚上有NBA的比赛，我们一起看。’儿子当时特别兴奋。他会觉得妈妈很了解我的爱好，妈妈很‘潮’，跟别的家长不一样。”

“儿子对自己认可了，自然也就乐意跟家长聊天，这样，家长关于学习和生活的提醒他也就肯听了。其实，这个时候的孩子也很要面子，家长一定要把他们当成大人看待。有一次我在路上遇到了儿子的同学，自己便很真诚地跟对方说：‘很高兴儿子有你这么要好的同学，欢迎你经常到我家玩。’事后，儿子很高兴，他觉得妈妈很尊重他的同学，让他很有面子。第二天放学后，儿子兴奋地跑来说，那位同学夸妈妈‘很有气质、很优雅’”。

时代在变化，今天与昨天不同，明天与今天也不同。作为父母，我们都能感受到现代科学技术、现代信息方式给我们生活带来的变化，更何况是人生刚刚开始的孩子？很明显，那些旧环境下的教育模式，已经明显不适应新时代的孩子们了。

因此，作为父母，我们不妨学会在孩子面前“化化妆”——用新知识，新技能包装自己，“演演戏”——每天花上几十分钟，学点新知识，设计一些“脚本”，用自己的行为影响孩子，用新鲜的话题引导孩子。

具体说来，你需要这样做：

1. 转变观念，教育方法不能一成不变

很多家长认为，只有给孩子足够的物质满足，才是给孩子一个更好的生活，其实家长恰恰忽略了孩子最需要的东西。孩子们最需要的不是玩具和零食，而是亲密感情的表现形式，比如你了解他的思想，理解他，认同他，给他一个鼓励的拥抱等。记住，你的孩子已经进入青春期，已经有了自己的爱好、思想等，对此，家长应予以正确的引导和鼓励，不能以一成不变、简单粗暴干涉的方式来约束孩子，应该突破传统教育的固定模式，家庭教育也需要与时俱进。父母应该在平时多留意社会的发展和孩子的想法，注意与孩子沟通，在了解孩子的想法后多向老师求教，双方配合合理引导，从而共同促进孩子的健康成长。

2. 和孩子一起探讨一些“潮”的话题

要和孩子做朋友，就必须与时俱进，了解你的孩子在想什么，了解才能和孩子有共同语言。如果问到“你了解你的孩子吗？”可能有的家长会说“我的孩子，我能不了解吗？”曾经有人做过一项调查，设计了一些问题。

你的孩子最喜欢做什么？他最崇拜谁？曾经哪件事最打击他？

父母与孩子同时写下这些问题的答案，然后彼此对照一下，结果发现，没有一位父母能回答对一半以上的问题。

我们很多父母，他能记得孩子每次的考试成绩，记得孩子喜欢吃的食物，但就是弄不清孩子崇拜的偶像是叫迈克尔·乔丹还是叫迈克尔·杰克逊，他到底是打篮球的还是踢足球的？ 努力和孩子建立共同的爱好，了解孩子，懂孩子，孩子才能和你有交流的兴趣和欲望。

3. 让孩子自由安排与父母独处的时间

很多父母感叹：“虽然放暑假整天在家，儿子跟我之间每天的交流时间竟不到半个小时！”“女儿每天除了上辅导班就是自己上网跟同学聊天、打电话，根本不理睬父母，说多了还嫌烦！”

其实，既然你的孩子觉得你落后，那么，你不妨请教他：“这个周末由你来安排，不过前提是，你要带上爸妈……”如果你的孩子答应了，那么，就表明他已经允许你进入他的世界。

孩子们天天在用现代化的眼光审视我们，逼迫我们去学习新东西，督促我们朝现代化靠近！呆板的、单一的、简单的家教已经行不通了，父母要在人格魅力、学识素养各方面得到孩子的敬佩与爱戴。在21世纪，变是唯一不变的真理。变是常态，不变是病态。因此，作为21世纪的父母，我们不妨改变一下自己，用21世纪的尺子来量量自己，学点新知识，变个新形象，重新塑造自己。设计一些“脚本”，用自己的行为影响孩子，用新鲜的话题引导孩子。

孩子与我们是平等的，别剥夺孩子的话语权

任何父母，都希望自己的孩子把自己当朋友，他们都希望孩子向自己吐露

心声，但事实上，我们看到的确是很多父母和孩子之间上演的口水战，一些孩子因为父母剥夺自己说话的权力而和父母争论。久而久之，孩子再也不愿意与父母沟通。而聪明的父母却会引导孩子发表自己的意见，让孩子畅所欲言。

其实，孩子要求发表意见、要求自主的意识是随着年龄的增长越来越强烈的，父母要给予孩子的是尊重，给她发表意见的机会，而不能压制。

然然是个很可爱的女孩，但令父母惊异的是，这么小的女孩居然总是有自己的想法。然然说："我已经4岁了，不再需要别人告诉我该做什么、该怎么做，我想自己做主，掌握一切事情。"孩子已有自己的想法，"妈妈要我上床睡觉时，可我不想睡，有一个好办法可以拖延时间，比如不断提出问题，妈妈没回答完，我就不必睡觉。"然然希望自己安排睡觉前的活动，于是会选择性地要求妈妈讲故事、唱儿歌给他听、陪她在被窝里窝一会儿，或者再回答她一个问题等。

当妈妈满足其种种要求后，准备离开她的房间时，然然又会再提出"最后一个"问题。而这个"最后"的问题常常不止一个。于是，请自己可爱的女儿上床睡觉变成整个家中相当冗长的仪式。

然然的这种表现就是这个年龄段孩子要求自主的外在反应，是孩子要求父母接受自己意见的方式，随着年龄的增长，孩子能从环境中慢慢地体会到"权力"的存在，也相信自己有运用"权力"的能力，如利用提问题的方式规避睡觉；在这种情况下，他感觉到自己的权力受到了肯定，甚至感觉到父母对自己的重视和无奈，相反，他很开心。父母对孩子的这种"权力"运用的试探，应该感到开心才对。毕竟，要培养出一个有判断力、责任感的孩子，前提是父母必须懂得权力的授予。所以说，孩子希望自己决定上床的时间，父母可在接受的范围之内，给予孩子一定的权利，这样才是双赢的做法。

因此，作为父母，如果希望你的孩子向你敞开心扉，那么，你就必须给孩子话语权，但给孩子话语权，并不是命令孩子："告诉我！"而是应该把孩子放在与自己平等的位置，以朋友的身份鼓励孩子说，让孩子表达内心的真实想法与感受，在这个基础上，父母才有可能有的放矢地对孩子进行教育。

除此之外，给予孩子话语权，还需要父母做到：

1. 用心倾听是最好的交流

很多时候，作为父母，我们可能都忽视了孩子的真正需要，他们需要的不是教训，而是父母的理解和倾听。而事实上，很多父母却常常不问事情的青红皂白，就对孩子进行一顿语言的狂轰滥炸。"什么？你在学校又犯事了？"孩子解释说，是老师冤枉了他，结果你根本不理会孩子的解释，接着训斥："没犯错误老师能冤枉你吗？那么多学生为什么要冤枉你一个啊？还敢撒谎！"孩子听到你的话之后，原本还想解释什么，但他不说话了。其实，你知道吗？孩子这时候最需要的是你的一个拥抱，一个肯定的眼神。但你的否定却让孩子退缩了，他原本希望你是他的避风港，发现自己又被教育了一番，甚至成为父母的撒气筒，如此这般，孩子还愿意和家长沟通吗？给孩子倾诉的机会，让孩子宣泄心中的郁闷，这对孩子的心理健康是非常重要的。

2. 适时回应，适当引导

我们说，倾听很重要，并不是不要家长说话，交流、交流，需要双方有来有往，那么，在很好的倾听后，我们怎样给孩子回应呢？

更多的时候，我们要用适当的语言梳理孩子的情绪，也就是认同孩子的情感。比如说；"看起来你很生气。""你有点控制不住自己了是吗？""听起来你很失望，真是不走运。""哦"、"嗯"、"我明白了。"或者说："真有意思，要是我当是在场就好了，后来呢？"启发孩子说下去。

有些时候，我们听孩子说完之后就结束了，但有的时候，为了解决问题，也可以给孩子一些建议。

不过，给建议也是要讲方式的，一个原则就是，尽力少用自己的嘴巴给孩子建议，最好是让孩子自己分析找出办法。家长说的多了，孩子未必能听得进去，经过自己思考得出的结论，才会真正成为他自己的经验。

3. 学会满足孩子合理的心理需要

每个父母都希望自己的孩子诚实守信，不喜欢撒谎的孩子。但是，许多孩子却表现得不如人意。究其原因，大多是由于后天的某种需要引起的，比如为了满足吃的、玩的需要甚至是为了逃避受批评、受惩罚，这些都助长了孩子撒谎的恶习。这样的孩子只会危害社会。

所以，父母可以从孩子发表的意见中分析孩子的需要，尽量满足其合理的部分。而满足孩子的时候应该用孩子的眼光来看待事物。要分析孩子的需要，认真倾听孩子的心里话，而不要以成人的想法推测孩子的心理。当孩子向父母讲述了他的需要后，父母应该跟孩子一起分析，让孩子明白哪些是合理的、正确的，然后及时满足孩子合理的需要；对于不合理的需要，则要对孩子讲明道理。千万不要觉得孩子还小，或者觉得事情无关紧要就放纵他们。长此以往，孩子就会不断地强化不良行为，形成不良的品格，最终影响到他的人生。

别忽视了与孩子身体语言的沟通

语言是我们沟通常用的工具，但人类除了语言，还有其他的交流工具，那就是身体语言。一颦一笑、甚至一个眼神，都体现了某种情感、某个想法、某个态度。

很多人认为，语言的交流方式给人提供了大部分的信息，事实上，语言学家艾伯特·梅瑞宾的研究表明，人与人之间的沟通高达93%是通过非语言沟通进行的，只有7%是通过语言沟通的。而在非语言沟通中，有55%是通过面部表情、形体姿态和手势等肢体语言进行的，只有38%是通过音调的高低进行的。

作为父母，你是否发现，当孩子还小的时候，我们会特别留意他，会留意孩子的声调、面部表情、动作、姿势等，会用自己的行动表达对孩子的爱，可当孩子进入青春期，不再是儿童后，做父母的，反倒把这种表达爱的方式搁浅了，而这种细微的变化，很多父母都没有注意到，而孩子也离父母越来越远。而大多数情况则是，孩子甚至产生叛逆的情绪。很多父母抱怨说："都说孩子进入青春期之后就容易'较劲'，但我发现我家孩子对别人都是好好的，但回到家里就专门跟我们对着干，就好像他的'较劲'对象主要就是我一样。"事实上，没有教不好的孩子，只有不好的教育方法。只要方法妥当，任何孩子都是优秀的；只要用心，总能找到合适的教育方法，而孩子更需要的是家长的爱和关心。

有一天，小区里几个母亲在一起聊天。

其中一个母亲说："最近我们机构要组织一个训练营，其中有很多内容，是我都不知道的，有一个什么，和孩子使用非语言的交流方式。"

"那是什么啊？"

"在孩子小的时候，我们都愿意去抱抱孩子，亲亲孩子，那时候，孩子与我们的关系是那么的密切，小家伙们一天都离不开妈妈，可是，现在，孩子大了，我们照顾孩子的时间也少了，孩子离我们也远了，我们还记得每天晚上在孩子睡觉前亲一下他的脸颊吗？当孩子受到挫折时，我们有给孩子一个安慰的拥抱吗？"

"是啊，似乎我们把这些都遗忘了，我们要拾起那些我们遗失的爱，孩子肯定还会重新回到我们的怀抱的……"

"是啊，那赶快去吧，明天训练营就要开课了，你们肯定会受益匪浅的。"

这段对话告诉我们，非语言信息在沟通过程中是多么重要。然而，一份社会调查却显示，在亲子之间的沟通中，非语言沟通常常被忽视。当然，这一现状的造成也与孩子有很大的关系。

不得不说，不少父母一直采用错误的非语言沟通方式与孩子交流，例如经常向孩子发脾气、拍桌子、摔东西等，这些都会被孩子理解成你极度嫌弃他的信号。这些非语言行为都是拒绝沟通的信息，因此它更会阻碍亲子之间的沟通，破坏亲子关系。那么，父母该怎样与孩子进行身体语言沟通呢?

1. 多用眼神鼓励孩子

身体接触往往比语言能更好地表情达意。有时候，哪怕你一个鼓励的眼神和微笑，都会让你的孩子充满无穷的动力。因此，聪明的父母总是会在某些时刻给孩子一个肯定、坚毅的眼神，让孩子更自信。

2. 给孩子一个拥抱，给他力量

生活中，很简单的一个例子，比如，如果你的孩子取得了很好的成绩，做父母的，需要赞扬、鼓励他，这时，如果家长单纯地用语言与他沟通，告诉孩子："儿子你真棒，妈妈因为你而骄傲！"他也会很高兴，但是这种高兴劲也许没过多久就会被他忘记；如果父母运用非语言与他沟通，微笑着走到孩子面前，给他一个拥抱，然后再告诉他："儿子，妈妈为你而骄傲。"这样，他将永远也不会忘记妈妈对他的赏识和鼓励。

3. 用握手向孩子表达友好

有研究人员曾通过实验研究了握手的效果，结果证明：身体的接触行为能增强人与人之间的亲近感，即使是初次见面的人，也有同样的效果。为了强化这种效果，有人会伸出双手与人握手，这样的人大多非常热情。

想必大多数父母也明白握手是一种表达友好的方式，是平等沟通的一个表现。而孩子都希望与父母平等地对话，因此，日常生活中，如果我们能把这一非语言沟通形式放到对孩子的培养中，相信是能起到一定积极作用的。

总之，在生活中，尝试着用非语言的方式与孩子沟通吧，但你还需要注意以下三点：

第一，尝试以身体接触代替言语交流。

第二，有些孩子不喜欢太多的拥抱，别强迫这样做。尝试寻找其他与之亲近、感受亲密、向他示爱的方式。

第三，当身体接触的习惯已经消失，在睡觉前或看电视，甚至只是紧挨你的孩子坐着时，轻轻抚摸他的前额、脑袋或手，可以使身体接触的习惯重新回到你们家中。

家庭冷暴力对孩子危害重重

随着社会的进步，人们的生活水平不断提高，但人与人之间的交流却减少了。在我们心灵的港湾——家中同样也是如此，冷暴力的现象越来越多的出现在家庭中。所谓冷暴力，是暴力的一种，它的表现形式多为冷淡、轻视、放任、疏远和漠不关心，致使他人精神上和心理上受到侵犯和伤害。有些父母总是用自己的想法来要求孩子，孩子一旦达不到自己的要求便对孩子冷眼相向，不理不睬。孩子犯错时从来不会给孩子温和的言语和笑脸，受到父母的影响，孩子在与人交流的时候也不会太过友好。很多孩子会认为家长对待自己的方式也会是别人对待自己的方式，所以他们会渐渐的疏远所有的人，把自己孤立起来。

俗话说：天下无不是之父母。父母做的每个决定都是为了孩子好，他们无意去伤害自己的孩子，但是有的时候做出决定的后果却不是父母都能预料到的。有时面对冷暴力，孩子未必能理解父母的良苦用心。他们只会被这种暴力伤害得更深，从而影响亲子之间的交流。

小强是个优秀的男孩，在家的时候很听话，在学校的时候学习成绩都很好且一直是“三好学生”称号的获得者。但是最近小强的爸爸却发现小强每次放学都不按时回家了，有很多次甚至是等到天黑了才回家。

小强的爸爸十分生气，这天，小强的爸爸觉得自己再不管小强就要学坏了，于是他不管三七二十一就把小强狠狠的批评了一顿，事后也没有给小强解释的机会。一天，小强在茶几上写作业，爸爸正在看报纸，突然电话铃响了，是小强的老师。老师跟小强的爸爸说，他们最近搞了一个课外辅导班，成绩好的学生在课后帮助成绩差一点的学生，尽快的帮他们提高成绩，小强最近几天之所以回来那么晚不是贪玩，而是在帮助同学。小强很开心的跟爸爸说："爸爸，我没有去玩儿，我是在帮助同学。"小强原本以为爸爸会向自己道歉，但是没想到爸爸说："就你还去帮助别人，你还是得了第一名再去帮助其他的同学吧。"

小强因为爸爸这些冷嘲热讽的话开始变得郁郁寡欢，每当他想要帮助同学的时候，爸爸冷嘲热讽的话就会在脑海中回响起来。后来，他再也不敢帮助同学了，和同学的关系也开始疏远起来。而且小强自从听到爸爸说"你还是得了第一名再去帮助其他的同学吧"这句话以后，他总觉得爸爸对他不满意。他的心理压力特别大，成绩也受到了影响，和爸爸的关系也越来越僵。

可见，我们父母都要认识到与孩子沟通的重要性，及时了解他们心中所想，在自己的心中积极的摒弃冷暴力。只要父母和孩子建立了良好的沟通渠道，父母才能更好的引导孩子。而且父母在向孩子提出更高要求的时候一定要讲究方法，要比以往更有耐心。不要对孩子使用冷暴力，否则孩子不仅不能达到父母更高要求，还有可能对自己进行自我封闭。

家长在教育孩子的时候使用冷暴力，会让孩子走向心灵南北极。不仅不能达到教育孩子的效果，反而会让孩子觉得与父母没有共同语言，从而影响亲子之间的关系。

父母们，你们了解孩子的无奈和痛苦吗？

1. 冷暴力会影响孩子的性格发展

冷暴力会让我们的孩子变得冷漠、孤僻，在学校，他们不愿意与人交流、玩耍，不愿意与人合作，表现得自卑，严重的可产生自闭症。

如果孩子所处的家庭冷暴力很严重，那么，久而久之，孩子内心就会变得越来越冷漠，心理防线很强，不愿意与人分享自己的事情，对待别人的事情也漠不关心，这就是孤僻，孤僻的孩子是无法融入集体的，未来也无法融入社会之中，这样的人不可能有很好的发展。

2. 冷暴力会扭曲孩子的心灵

如果孩子长期处于冷暴力的生活环境中，你会发现，无论你的孩子是男孩还是女孩，都会变得敏感、不轻易信任他人，外表冷漠，内心自卑又缺乏安全感、生活自闭，这对于孩子的成长是极其危险的。

3. 冷暴力会影响孩子未来的婚姻家庭生活

随着孩子年龄的增长，他们最终会组建家庭。如果孩子从小就生活在一个冷暴力的家庭里面，他们就会把自己的一些负面情绪带到以后的感情生活和婚姻里面去，尤其是在自己遇到争吵的时候，他也会采用冷暴力的方式去解决问题，这就是恶性循环，他们的孩子也会受到影响。

总之，父母教育孩子的方法一定要适宜，如果父母总是对孩子使用冷暴力，那么孩子就不愿意把自己内心的想法告诉父母。这样做不仅影响孩子和父母之间的关系，还会让孩子患上例如自闭症之类的心理疾病，这一定是广大家长们不想看见的。

父母离异后如何教育孩子

对于任何一个成长期的孩子来说，他们都希望有一个完整、和谐的家庭，父母相亲相爱，在这样的环境下成长，他们也才会真正的快乐。但父母关系破裂、离婚，对于心智尚未成熟的孩子来说，确实是一个不小的打击。可父母也有追求幸福的权利，所以，一些父母会产生疑问，难道要为了孩子选择维持名存实亡的婚姻吗？当然不完全是，对于尚能挽救的婚姻，父母要努力经营，但如果到了非离婚不可的地步，就要多为孩子考虑，尽量把即将带给孩子的伤害减到最小。

牛牛是个很可爱的孩子，他原本生活在一个衣食无忧的家庭里，他的爸爸是一家公司的高管，母亲是家庭主妇，但就在她7岁的时候，命运和他的家庭开了个玩笑——他的爸爸妈妈离婚了，原因是因为爸爸出轨，后来，牛牛由其母亲独自抚养。妈妈把全部希望都寄托在牛牛身上，要他好好读书，日后成为一个有作为的人。

虽然妈妈对牛牛寄予了很大的希望，自己省吃俭用供牛牛读书，但是牛牛的成绩总是很差。妈妈想尽一切办法帮助牛牛，可还是不见起色。后来经过观察，妈妈发现跟自己的家庭氛围有关。妈妈性格内向，加上牛牛的爸爸妈妈离婚，还有生活的压力，所以总是愁眉不展，因此，家里总是笼罩着一层沉重的气氛。牛牛的爸爸也会偶尔来看望牛牛，但和妈妈说不到三句话就开始吵架，在学校的时候，牛牛也能感觉到周围的人都在嘲笑他，久而久之，牛牛的心灵也蒙上了阴影，小小的孩子也有了沉重的心事。

那么，对于那些离异的父母来说，如何教育孩子呢？

1. 在孩子面前要表现得宽容，让孩子知道即使父母离婚了也会继续爱他

父母离婚，无论是什么原因，都不要在孩子面前互相抱怨或者攻击对方，让孩子认为你们之间存在仇恨，反而，你要在孩子面前表现得宽容，父母矛盾不断，只会让孩子感到矛盾，不知道谁是对的，谁是错的，最终会出现情感和行为分裂，使其人格形成受到影响。严重的会导致心理问题，乃至心理障碍和心理疾病。

2. 对于孩子的教育问题，父母要共同协商

① 经济方面：孩子要接受教育和培养，就要有物质上的付出，对于这一问题，父母有不可推卸的责任，也不可因为内心亏欠孩子而溺爱他，这样只会有损于孩子的身心健康。

② 孩子成长中的重要事件：对于孩子成长中的诸多事宜，比如：什么时候读幼儿园，小学去哪里读、孩子学习成绩差要不要请家教、大学要读什么专业、以后出不出国等问题，最好都由父母共同协商。

3. 孩子在学校的活动，父母要经常参加

孩子的学校生活中，少不了一些公共活动，比如家长会、运动会，在家长看来，这可能是无关紧要的小事情，但确是孩子成长过程中的大事，对于这样一些时刻，父母最好都在场。而对于孩子的生日，父母更要与孩子一起庆祝，这样，你的孩子就会明白，父母离异是他们自己的事情，他并没有因此失去父母，要告诉孩子爸爸妈妈都很爱他，也让孩子学会用语言表达自己的情感。

4. 了解孩子的精神需求

抚养孩子，并不是只给孩子吃饭、穿衣即可，父母尤其要对孩子精神层面的需求给予充分满足；一定要抽时间陪伴孩子，哪怕只是陪着他们玩耍（这一点没有离异的家长也经常忽略）。

5. 离异的父母要充实自己的生活

离异的父母如果不打算再婚的话，最好也有自己的工作或者其他兴趣爱好，也可以找一个伴侣，这样，你才不会因为空虚而把所有精力放到孩子身上，以至于给孩子造成太大的心理负担。也有一些父母认为，为了孩子不找伴侣是对孩子好，其实不然，一个没有正常情感、生活不快乐的人很难保持自我身心的平衡，不免将自己的负面情绪转嫁给孩子，反而不利于孩子的健康成长。

当然，要做到以上几点，对于父母来说考验到他们的综合素质，必须要有

足够的耐心，以及很好的人际关系处理能力。不少人正是因为缺乏这一能力，才无法经营好自己的婚姻，所以，如果一些父母认为自己无法面临离异后对孩子的教育问题的话，可以咨询专业人士、获得他们的帮助。只要这样，让自己尽快恢复正常生活，才有足够的心理能力不让孩子承受父母离异的痛苦。只有快乐的人，才能培养出身心健康的孩子。

第 10 章

管理在于激励，善用心理暗示对下属委以重任

在生活中，不管面对什么事情，要想圆满地解决，就必须讲究策略。同样，作为领导者，在管理工作中也是如此，如果我们希望下属努力工作，也要掌握一定的心理暗示策略，假如不讲策略地告诉下属：“我希望你能努力做成这件事。”并不能在对方心中留下深刻的印象，而且很有可能遭到失败。可以说，如果下属是千里马，那么你愚笨的驾驭可能使他们连普通的马都赶不上。反之，如果从心理暗示的角度让他们最大限度地发挥他们的才智，会给你带来意想不到的成功和惊喜。

以身作则，暗示下属也可以做到

现实工作中，作为领导和上司，都有一个工作任务，那就是激发下属的工作热情和积极性，这就需要我们把话说到下属心坎里。那么，下属为什么会受到这样的暗示呢?

美国心理学家们曾经做过一个实验：某心理学家在给某大学心理学系的同学们讲课时，突然为同学们介绍一位新来的德语教师，并声称这位德语教师是一位著名的化学家。然后，这位所谓的化学家一本正经地开始了自己的化学实验，他拿出一个瓶子，说这是他新发现的一种化学物质，有些气味，请在座的学生闻到气味时就举手，结果多数学生都举起了手，而实际上，这个瓶子里装的不过是毫无气味的蒸馏水。

对于本来没有气味的蒸馏水，由于这位“权威”的化学家的语言暗示而让多数学生都认为它有气味。

人们都有一种“安全心理”，即人们总认为权威人物的思想、行为和语言往往是正确的，服从他们会使自己具备安全感，增加不会出错的“保险系数”。同时，人们还有一种“认可心理”，即人们总认为权威人物的要求往往和社会规范保持一致，按照权威人物的要求去做，会得到各方面的认可。因此，这两种心理就诞生了“权威效应”。

心理学上“权威效应”，又称为权威暗示效应，是指一个人要是地位高，有威信，受人敬重，那他所说的话及所做的事就容易引起别人重视，并让他们相信其正确性，即“人微言轻、人贵言重”。

权威效应同样给那些身为领导者的人一个启示：我们也可利用“权威效应”去引导或改变下属的工作态度以及行为，这往往比命令的效果更好。因此，一个优秀的领导者肯定是企业的权威，或者为企业培养了一个权威，然后利用权威暗示效应进行领导。

托尔斯泰说：“真正的艺术永远是十分朴素的、明白如话的、几乎可以用手触摸到似的。”作为领导，从自身角度出发，告诉下属自己是如何做的，往往更有说服力。

那么，具体来说，我们该如何以身作则，说说自己是如何做的呢？

1. 告诉听众你的态度

领导者在激励下属时，可以直接告诉下属你的态度，以此来传达领导想要下属接受的信息。举个很简单的例子，开会时，如果没有一个强硬的反对者，你只要轻松地说一声：“已经决定好了。”事情就可以顺理成章地决定了。

“已经决定好了”这句话就是一种“提前暗示”。尤其对那些没有明确想法，头脑像白纸一样的人，要让他们赞成自己，“提前暗示”是极其有力的武器。

有一个经营汽车买卖公司的老板，他在开会时就常利用人的潜在心理，可以说他是一位非常卓越的心理诱导者。他在每一次会议开始时，就先提出大纲，然后告诉职员们：“这是我的意见，剩下的你们就自己去讨论了。”说完他就开始打瞌睡，让开会的职员们自己去讨论，直到归纳出结论时，他才又发言说：“那么大家就努力朝这个方向前进吧！”

等他讲完，会议就结束了。

这样做的目的是使职员们认为，事情好像是他们自己决定的，他们会有一种成就感，而职员们归纳出来的结论，事实上就是按照老板所提出的大纲讨论出来的。这一结论正是在老板的暗示下得出的。

2.以激励代替命令

现实工作中，一些领导希望下属能听得进去自己的意见或者指示，并希望下属能按照自己的想法去做，所以，他会直截了当的下命令：“你必须……”或者“你最好……”。而实际上，人就是这样，对于这类命令式的工作都提不起兴趣，主要是由于人的潜在心理中，没有一股强烈的“达到欲望”。而当这种强烈的欲望起作用时，他本能地就会想办法促使这项工作完成。聪明的领导者则会说：“如果是我……这样的话就比较简单了。”下属得到这种潜在的激励后，自然会使出浑身解数，完成目标。

当然，以身作则虽然是一种暗示策略，但身为领导者的你在工作中要确实做到成为下属们工作的榜样。前日本经联会会长土光敏夫曾经说过：“身为一名主管，要比员工付出加倍的努力和心血，以身示范，激励士气。”也就是说，作为一名领导者，要想让员工做到积极工作，做到真正为组织、企业着想，你就要做好表率作用，上行下效，员工的积极性自然也会提高。

因此，领导在讲话的时候，若希望听者接受并按照你的意图执行，你就可以事先告诉听者你的态度以进行暗示。

激励下属给他正面积极的暗示

现实生活中，每个人都渴望被信任、赞赏、肯定，在这样的环境中，人们的内心也更容易受到启发，行为也会更趋向正面、积极的方面。有人说：“能力会在批评中萎缩，而在赞扬、鼓励等正面激励中发芽、生长、茁壮。”事实就是如此。人与人之间的影响力，就是靠着这样的法则不断推进的。

因此，在工作中，聪明的领导者懂得在“尊重”和“激励”上下功夫，了解员工的需要，然后满足他。只有这样，才能激起员工对企业和自己工作的认同，激发起他们的自发控制，从而变消极为积极。真正的管理，就是没有管理。

所以，从事管理工作的领导者们，如果你懂得给员工积极肯定的心理暗示，那么，会更易于让员工产生积极的工作情绪和状态，也有利于让员工服从于你的管理。

很多年前，刘玲还是公关部的职员，但现在，她已经是该部门的经理了。直至今天，她还清楚的记得多年前老板鼓励她的那一段话。

那天下午五点多，公关部的很多同事都已经下班了，刘玲也在收拾东西准备离开公司，此时，老板走过来对她说：“对于你的能力，我是非常佩服，我真希望公关部的人都能克隆你，这样工作就轻松多了。对了，为了提高自己语言表达方面的能力，我想参加演讲会培训。你愿意和我一起参加吗？这对我们都有好处。”当刘玲听完老板的话之后，心里美滋滋的，自打那次之后，刘玲更加努力的工作了，她的成长老板也看在眼里。

这里，我们看到了一个领导一句不经意的赞美对一名员工的激励作用。领导者对下属的赞美，是对下属工作态度和能力的一种肯定，同时，也为他们接下来的工作带来信心。

安德鲁·卡耐基说：“凡事自己单干，或独揽全部功劳的人，是当不了杰出领导人的。”安德鲁·卡耐基的话进一步向人们发出这样的警示——如果你不会激励对方，你便不能领导对方；当你不能领导对方的时候，那么你便不能有效地影响对方，又何谈他人为自己服务呢？

所以，无论生活还是工作中，如果你希望能有效地影响对方，就不要忘记向对方传递你所期望的信息。例如，如果你希望你的员工更平和，更听你的话，那么，你就不要批评、斥责他，而要多鼓励他。

这里所指的肯定，是指领导者对下属的优点和成绩所给予的一种赞誉和褒扬，肯定是一门艺术，领导者适时、适度地肯定下属的行为是对下属的一种尊重，既利于下属扬长避短，也能有效地调动下属工作的积极性和创造性。当然，肯定也不能无原则地赞扬。那么，领导者如何肯定下属呢？

我们可以这样做：

1. 请求他们的帮助

领导者向下属求助，是一种极为有效的让下属认识到自身价值和能力的方式，这是因为，一般情况下，领导者的形象都是高大的，其能力也是在下属之上的，而你一反常态，表示你存在某些弱点和欠缺的技能。从员工处寻求帮助，不仅说明了尊重他们的专业技能，也表现出了领导者的绝对信任，最重要的是，这是一种间接的赞美。

2. 表达你对下属的期望

有时候，你无意中的一句："我知道你不会让我失望的……"，会让下属找到自身奋斗的目标，看到自己劳动的价值所在。

3. 询问他们的观点

同样，你需要确保的是，内容与员工的工作职责无关。比如，对于向员工征询如何提高工作效率这一典型的问题，则应当避免。你可以通过其他途径获得。

例如，你可以这样赞扬一位具备相当能力的下属："对于你的组织能力，我是非常佩服的……"接下来，你可以询问他对于如何招聘更高水平的人才、招聘文书的撰写与简化调整以及其他部门数据收集处理工作的合理有效性等问题是否有自己的观点。这样做，你不仅可以获得有效的、出色的创意，还会意识到我们不仅可以获得出色的创意，而且还会意识到存在更有效的方式来发掘员工潜在的技能和能力。

4. 授予他们非正式领导权

对于领导者来说，这样做会带来很大的好处。我们不妨想象一下，如果你是下属，你的上级殷切地告诉你："现在工作实现是太忙了……我们在客户方面出现了一个大问题。如果不解决掉，就会导致客户流失。你能不能找几个人，帮我进行处理？"这将会带来多大的动力。

授予员工非正式领导权意味着对技能和判断力的信任。更重要的任务、更高的隐含赞誉会更大地提高他们的自尊。

5. 双方合作开展工作

员工与领导者自然是不平等的，因此，挖掘员工价值的有效方法也就是与他们一起完成工作。

6. 不忘激励、肯定犯错误的下属

当下属在工作中出现失误时，激励有时候比批评更为重要。美国石油大王洛克菲勒的助手贝特福特，因为经营上的失误，导致了公司在南美的投资损失了40%。贝特福特正准备接受批评时，没想到洛克菲勒却拍着他的肩说："全靠你处置有方，替我们保全了这么多的投资，能干得这么出色，已出乎我们意料了。"这位因失败而受到赞扬的助手后来为公司屡创佳绩，成为了公司的中坚人物。

总之，如果你想有效地影响员工，必须学会激励，用正面肯定的方法，将尘封在员工心底里的积极性、主动性充分地调动出来。而对下属和员工的肯定应当适时、适地、适度，应根据当时的时间、地点及所处的环境有选择地进行肯定，绝不可说东道西，胡乱肯定一通。

偶尔"发威"，让你瞬间提升领导威信

身处职场，任何一个领导，都知道威信对于开展管理工作的重要性，有领

导的威严，才会让下属信服，然而，现实工作中，不少领导者感叹自己的话没有威信，其实，如果你能掌握一些暗示技巧，比如，你可以适时大发雷霆，让下属看到你不同寻常的一面——强势，从而让自己具有权威和说服力，那么，下属自然对你“俯首称臣”。

三年前，小李还是一名普通的技术主管，整天在生产一线和基层工人们打交道，他是大家公认的好人，脾气很好，从来不跟人争执，同事们还取笑说他是小绵羊。而三年过去了，现在的小李已经晋升为一名工程部经理，这让很多和他同时入职的同事羡慕不已。那么，到底是什么让小李晋升如此之快，又能得到同事们的青睐呢?

一次，公司的一个大客户因为某个产品的瑕疵点而提出毁约要求，很明显，这一要求是无理的，因为这一瑕疵只是众多产品一个细小的部分，完全不会影响到产品的使用。面对这种情况，销售部门的各个领导手足无措，便把事情推给了技术部门，技术部门几个木讷的领导，完全不知道如何处理这件事，只能任凭客户发脾气。这时，小李恰巧要向领导汇报工作，站在门外的他实在对客户的“嚣张跋扈”忍无可忍了，便推开门进去，用几近嚷嚷的嗓门对客户说：“我从没有见到过您这样的客户，您要知道，我们技术人员也是人，在研发产品的时候，我们虽然已经尽力做到将误差减少到最小，但不能保证一点误差都没有，但事实上，难道您不承认，这些小问题的存在，根本不影响产品的使用吗？再说，我们答应为您延长半年的售后时间。还有，我看您再也找不到第二家比我们给您的更优惠的价格了，不是吗？”小李几句话一说，客户哑口无言，丢下一句：“你不要忘了，我才是客户！”便离开了。大家原以为，接下来等待他们的是公司的训斥。但没想到，第二天，这位客户居然取消了毁约的要求。

此时，大家都感到莫名奇妙，小李解释道：“其实这类客户就是吃软不吃硬的，‘老虎不发威，他把我当病猫’，事实上，我们都清楚，这位客户完全是无理取闹，但他也是有目的的，那就是价格问题，他可能是道听途说，以为有更便宜的价格，于是，他希望我们降价，而我调查过，我们公司新研发的这个产品，是同类产品中价格最低、误差最小的，那天，他丢下那句话便走了，我猜，他回去肯定也了解过，经过利益权衡后，他自然会接受我们的价格……"

听完小李的话，这些同事包括领导们都投来敬佩和崇拜的目光，自此，小李成为同事和领导们关注的对象，他在公司也逐渐树立了威信。

技术人员小李为什么能做到让上级和下属都赞叹不已呢？这是因为在公司遇到"麻烦"的情况下，他挺身而出，采取了众人不敢一试的方法——当着客户的面大发雷霆，这一方式给客户包括下属以及同事们一个心理暗示：原来小李这么有担当，而且居然会发那么大的脾气，以后不能称呼他"小绵羊"了。而同时，大家也对他刮目相看、敬佩有加。

可见，威信对于领导者管理工作的重要性。一个具有感召力的管理者，是一个团队的核心，是团队中每个人效仿的对象，每个领导者都要充分调动个人所长，发挥下属的主观能动性。

管理工作中，任何一个领导，都避免不了要与员工、下属或上级沟通。对于这一点，很多领导者认为，多沟通、保持亲密的距离，对待下属平易近人自然会拉近双方的心理距离，这必当有利于管理工作的进行。诚然，这样做会让下属感受到你的亲和力，但要建立自己的威信，你还需要偶尔"演"一场大发雷霆的戏，这样能暗示下属你不是纸老虎，你有领导的威严，所以下属们应该听从你的号召。

当然，要建立威信，我们还要做到：

1. 和下属拉开距离

我们也看到，在工作中，一些领导，因为和下属打的太火热，而使得自己的一些缺点暴露无遗，结果失去了一个领导者应有的权威，却让下属在无形中改变了对他的印象，甚至让下属觉得领导令人失望、讨厌。

2. 温性管理不容忽视

当然，我们建议领导者偶尔“演”一场大发雷霆的戏，并不是说领导者要成为一个“暴君”，我们还是要多关心下属，实施温情管理。

你需要关心员工的方面实在太多，无论是工作还是生活，员工的现状还是发展，员工自己还是他们的家属。比如，当员工家中有事，你可以出面帮忙；当员工出差，你要考虑帮助其安排好家属子女的生活；当员工遇到了不幸的事，你一定要第一时间出现，帮助他渡过难关，甚至还要发动大家给予帮助，解除员工的后顾之忧。

3. 即使是大发雷霆也不能伤害部下的自尊与自信

总之，作为一个领导者，只有学会掌握下属的心，学会在说话、做事时体现领导风范，同时，不忘与下属拉近关系，真正做到有高度、有深度，才能真正使下属信服于你！

故意否定，让下属全力以赴

心理学家称，几乎每个人都有挑战自身潜力的渴望。对成功怀有强烈渴望的人尤其如此。他们渴望挑战困难，以此来超越自己，证明自己。身处职场，如果你是领导，你可以故意使用一些负面词汇，来表明做某事很难，以该下属的能力不可能做到，他越有可能去做。比如，如果你希望你的下属接受一项任务，那么，你可以告诉他，此项工作的难度很大，没有一定的工作能力和时间，是无法完成的。他可能心里已经在想：是不是太小看我了，那我就偏偏要试试，把时间控制在10个月内！结果，他真的不到十个月的时间，就大功告成了。

辛辛监狱曾被称为西方最恐怖的一座监狱，多少管理人员因为无法胜任自己的工作而离职。很明显，这座监狱是缺少管理人员的，纽约州州长艾尔·史密斯很是头疼，到底该找谁呢？最后，他派人把新汉普顿的刘易士·路易斯请来。

刘易士在知晓州长把自己叫来的目的后，很是为难，因为他知道这份工作的难度。典狱长来了又走——其中有一个只干了三个星期。他必须考虑他的前途。这是否值得冒险？

史密斯州长自然能清楚刘易士的想法，于是，他决定使用激将法让他同意。他说，“年轻人，我不责备你吓成这样子。这不是个容易应付的地方，它需要一个大人物到那边去坐镇。”

刘易士一听，州长这不是看得起自己吗？于是，他答应去了辛辛监狱，并且待下去，他一直没离开，成了当代最著名的典狱长。

他的著作《辛辛二万年》，卖了数十万册。他曾在电台里广播，他的监狱生活的故事也被改编成十几部电影。而他罪犯“人性化”的措施，在监狱改革上带来了奇迹式的改变。

刘易士为什么这么爽快地接受了这份艰巨的任务？ 就是因为史密斯的那句话——“我不责备你吓成这样子。这不是个容易应付的地方，它需要一个大人物到那边去坐镇。”这句话点明了这项任务的艰巨性，也激发了刘易士的挑战欲。

潜能是一个人潜在的能力，它需要一定的环境和条件才能充分释放出来，我们要想开发他人的潜能，就要善于鼓励他们，而激将法往往能从反面暗示对方，以此帮助我们达到使对方全力以赴的目的。同样，工作中，如果直接对下属下达一个有难度的工作任务，那么，他可能不愿意涉险，即使接受任务，也不一定会全力以赴，不过，人们还有一种心理，那就是，如果我战胜困难，那么，大家都会对我刮目相看。因此，你可以利用下属的这一心理，成功激将。我们来看看下面故事中的杨经理是怎么做的：

杨丹是某公司市场部的经理，最近，上级领导交给她一个任务——开发某市郊区的一片市场。杨丹明白，这是一项艰巨的任务。并且，如果不全力以赴地把精力投入到当地居民的生活中，是无法做到的。于是，她找来部下陈明，准备让他锻炼下自己的能力。陈明是个很有潜力的年轻人，不怕吃苦，工作有干劲。这也是杨丹准备把这项任务交给他的原因。但陈明与公司的另一个青年邱涛关系不好，两个人明里暗里都在较劲。

当陈明敲门进入她的办公室后，她便开门见山地说："老实说，这并不是一件很容易做的事，但这也是我为什么没有让其他人接手而直接找你的原因。"

"嗯，这片市场的确还没有人敢去开发啊。"

听陈明这么说，杨丹知道陈明迟疑了。她接下来说："我知道是有难度，你要是觉得有困难，我就再去找找邱涛吧……"

一听到杨丹提及邱涛这个名字，陈明立即说："没事，我肯定能做好，请相信我……"杨丹知道，她的目的达到了。果然，陈明不负众望，三个月后，他业绩满满的强势归来。

这则职场故事中，陈明就是因为杨丹的那句话"我知道是有难度，你要是觉得有困难，我就再去找找邱涛吧……"，接受了艰巨任务的挑战。这句话的含义是：如果邱涛把这件事做成了，那么，你的颜面何存？自然，陈明的挑战欲被激发了。

"树怕剥皮，人怕激气。"人们都有不服输的心理，越是被否定，越是要证明自己；越是受压迫，越是要反抗等。作为领导，在工作中，如果你希望下属接受你的任务，并全力以赴的话，就可以运用这一暗示方法达成工作目的。

不过，故意说一些否定下属的话，一定要根据不同的交谈对象，采用不同的方法，才能收到满意的效果。犹如治病，对症下药，才有疗效。因此，总的来说，在运用这一心理暗示策略的时候，你要注意以下几个方面：

1. 了解下属的弱点

逆反心理能否起到应有的作用，就需要我们了解对方的弱点。“请将不如激将”，也要了解“将”的“致命伤”。比如那些爱表现的下属，我们不妨从反面说：“我知道你也是能力有限……”这样激将，对方肯定答应你的请求。

2. 因人而用

你在运用这一心理策略的时候，要先了解对方，因人而用。要对对方的心理承受能力有所了解，如果激而无效，那么也是白费力气。

3. 掌握火候，语言不能“过”

如果说话平淡，就不能产生激励效果，如果言语过于尖刻，就会让对方觉得你瞧不起他；语言不能过急，也不能过缓。过急，欲速则不达；过缓，下属无动于衷，无法激起下属的自尊心，也就达不到目的。

可见，作为领导者的我们，故意说一些否定下属的话，是一种激将法，更是一种很有力的心理技巧，它往往能够使对方感情冲动，从而去做一件他平常不会做的事。

第 11 章

贴合人心，心理暗示让沟通畅通无阻

在现代社会中，与人合作的重要性，在任何行业都已经获得共识，任何人，单打独斗不可能真正成功。为此，很多情况下，你需要让他人接受你的想法、观点，只有在达成一致意见的基础上，才有可能采取一致的行动，而这就需要我们掌握一些说服他人的暗示策略，运用心理暗示的技巧、把话说到对方心坎里，最大限度地达成我们的目的。

先从对方的兴趣爱好切入话题

有个笑话说，某君以伶牙俐齿见长。有人向他请教有什么诀窍，他说："其实非常简单，就看他是什么人，对什么东西感兴趣，然后你和他谈他感兴趣的东西就可以了。比如，对方是屠夫，你就和他谈猪肉；如果对方是厨师，你就和他谈菜肴。"请教者又问："那如果屠夫和厨师都在场怎么谈？"他说："那我就谈红烧肉。"这一笑话告诉我们，谈论别人的兴趣，更能带动谈话氛围。

小马是汽车推销员，在一次汽车展会上，她结识了一位客户。通过对潜在客户言行举止的观察，小马分析这位客户对越野型汽车十分感兴趣，而且其品位极高。后来，小马几次试图约客户出来坐坐，就一些关于越野车的问题聊聊，但是客户总是以各种理由推脱，说自己工作很忙，周末则要和朋友一起到郊外的射击场射击。

小马经过多方打听，得知客户喜欢射击，曾经还是一名射击冠军。于是，小马上网查找了大量有关射击的资料，一个星期之后，小马不仅对周边地区所有著名的射击场了解的十分深入，而且还掌握了一些射击的基本功。再一次打电话时，小马对销售汽车的事情只字不提，只是告诉客户自己"无意中发现了一家设施特别齐全、环境十分优美的射击场"。下一个周末，小马很顺利地在那家射击场见到了客户。小马对射击知识的了解让那位客户迅速对其刮目相看，他大叹自己“找到了知音”。

在返回市里的路上，客户主动表示自己喜欢驾驶装饰豪华的越野型汽车，并对一些造型别致、性能好的越野车都进行了一番阐述，小马认真地倾听着。等到客户提到“说实话，现在市场上的汽车在档次与品位上做得实在……”时，小马立即接过话茬儿：“我们公司正好刚刚上市一款新型豪华型越野汽车，这是目前市场上最有个性和最能体现品位的汽车……”一场有着良好开端的销售沟通就这样形成了。

案例中，我们可以看出，销售员小马是精明的，当他发现直接从客户爱好的越野汽车入手并未见到成效时，就积极寻找并找到了与客户的兴趣点——射击，当他与客户产生共鸣后，客户对他的戒备心也就消除了，此时，当客户谈及自己最喜欢的越野汽车并阐述自己的观点时，小马能巧妙地接过客户的话茬儿，把话题转到销售问题上，一场有着良好开端的销售沟通就这样形成了。

在人际沟通交流中，能用来接近对方的话题可说俯拾皆是，关键在于要善于根据特定的情境去发掘，并恰到好处地运用。人们都有这样的感觉：与志趣相投的人谈话会感到其乐无穷，与志趣相异的人谈话，会感到“话不投机半句多”。掌握人们的这一心理，我们在交谈时，从对方的兴趣爱好切入话题，暗示对方你与他志趣相投，就会自然地打开话匣子了。

所以，我们在与人沟通的过程中，若希望达到贴合人心的目的，首先要了解对方喜欢什么，厌恶什么，然后再从对方的兴趣爱好入手，跨越两人之间交流的障碍。其实，每个人都有某些方面的兴趣。兴趣可分为两种，一种是对有关系的事物的兴趣；另一种是对无关系的事物的兴趣。什么是有关系的事物呢？就是指你和对方共同感兴趣的事物。从这些兴趣入手，更易打开沟通的局面，为此，我们可以这样做：

1. 细心观察，发现对方的兴趣爱好

每个人都有自己的喜欢和爱好，有的人喜欢看书，有的人喜欢踢球。不管是谁，只要你细心观察，你一定能发现他的兴趣爱好。因此，你要想获得对方的好感，打开说服的大门，那么就要捕捉到对方的兴趣所在，这是靠近对方的前提和条件。

2. 花点心思，多了解掌握相关知识

当你了解到对方的兴趣爱好之后，就要花点心思，去学习相关的知识。因为别人喜欢它，对它的了解一定很多。如果你不掌握相关的知识和信息。在别人和你进行交谈的时候，你就会露出马脚，引起对方的不悦。所以，我们要细心一些，尽可能多的掌握一些对方兴趣所在的信息，为赢得好感做准备。

3. 将对方的兴趣爱好表现成自己的

在清楚的掌握了别人的兴趣爱好之后，要想办法培养自己对这种兴趣的爱好。比如说，对方喜欢踢球，那么要想获得对方好感，你要培养对踢球的极大的兴趣，这样，别人才会觉得你是真的喜欢。否则就会被别人看穿。因为喜欢与否不是嘴上说的，而能通过人的面部表情和言谈举止表现出来的。

4. 放低姿态，表达自己的请教之意

通常情况下，爱好什么懂什么，比如，一个人爱好数学，必定有超强的逻辑思维；一个人爱好书法，一般也会有一定的书法造诣；一个人爱好钓鱼，钓鱼经验必定丰富。

沟通中，当你想让对方对你产生好感时，不妨主动放低姿态，表达自己希望获得对方指教的心情。比如，在你得知对方很爱好足球时，甚至对足球很狂热，而你也有这方面的天赋，但你对对方的某些观点并不赞同，此时，你不妨称自己的想法不如对方的丰富等，这样一说，就会表露自己的兴趣，但造诣不深，此时，能很快引起对方的兴趣。

总之，与人交流前，两人即使是萍水相逢，如果我们能从对方的兴趣爱好入手，也可能一见如故。当然，这还需要我们掌握一些技巧，才能投其所好。

曲径通幽，戏剧性地表达你的意图

现实生活中，我们在与人沟通时，很多情况下，我们发现，直接表达自己的想法和意图，对方未必能接受，此时，我们不妨换个角度、戏剧性地展现我们的想法，以达到曲径通幽的目的。事实上，我们生活的这个年代，又何尝不是戏剧化的呢？很多时候，仅仅用语言未必能恰当地表明我们的意图，此时，我们可以运用表演的艺术来使之更加生动、有趣和戏剧化。

李俊是一家房地产公司的销售部主管。这几年，公司的营业额一直很好，于是，公司决定在东区开发一片新的住宅楼。鉴于此，销售部开了个会，主要是关于新房建成后的销售问题。由公司总部副总经理主持，这位经理下达了一个硬性指标，从楼盘发售起，第一季度要比现在的销售业绩增长30%。可是身处销售一线的李俊认为这样的决策实在不合实际，他很了解现在公司销售部的情况，没有几个有经验的销售能手，老员工有的辞职，有的退休，刚来的几个完全还是生手，根本不能指望他们。想到这，李俊觉得有必须给经理提点建议，让经理收回成命，要不然等到指标公布了再想修改就困难了。

但李俊听说这个经理是个不吃回头草的人，脾气很硬，决定的事情从不改变。李俊想，不能和他硬碰硬，还是采取迂回行动。所以，李俊并没有急着在会上就提出来。散会后，他写了一份可行性报告，虽然有点害怕，但他还是壮着胆子敲开了经理的门，递上了自己的报告说：“张总，打扰您了，这是一份销售报告，麻烦您批示一下。”

经理拿了过去，看了一眼标题，开始准备说什么，又没开口，接着往下看，才发现，原来自己的决策有失误，自己预期的目标根本不可能达成，按照这样的目标去为公司规划其他项目，将会造成无法挽回的损失，一想到这，经理对李俊充满了感激之情。第二天，张总又召开了会议，针对自己的错误评估进行探讨，会上，他说："要不是李俊的提醒，恐怕我已经犯下了不可原谅的错误。公司会采纳他的意见，加大在人力资源方面的投资。"自从那次后，整个公司，不论哪个部门的领导，都对李俊刮目相看。

李俊的聪明之处就是摸清楚了领导的脾气，没有当着众人的面，直接提出反对意见，而是迂回处理，通过一份可行性报告来证明自己的言论，这样，领导更容易接受。

懂得运用这一艺术的就有饰窗专家们，比如，为了提高新的老鼠药品的销售量，制造商们就懂得在陈设的橱窗上放上两只老鼠，在那两只老鼠陈设的两个星期，这一产品的销量比平时多了五倍。

普顿先生是《美国周刊》的一名员工，最近，他要做一个长篇的市场报告，而他调查的对象是某家著名的护肤品牌，为此，他必须与这家公司的负责人接洽，但遗憾的是，第一次他去的时候，工作就搞砸了。

"第一次我的方法确实错了。我一直在强调一些无用的资料和调查方法，我在说自己想说的，他也在说自己想说的，而我却总是企图证明自己是对的，虽然最后我胜利了，我倒是十分高兴，但可惜的是，我们之间会谈的时间也到了，很显然，我并没有获得什么。"

普顿先生接着说："第二次，我再去拜访这位负责人的时候，我不再陈述那些数字、表格和资料，我直接向他演示我想说的事实。当我敲开门进去的时候，他正在接电话，等他通话结束后，我打开皮箱并拿出32瓶冷膏的竞争品。在每一个瓶子上，都有一个标签，上面标有商业调查的结果，每个标签都简明扼要地叙述了它的故事。"

"那么然后呢？结果如何？"

"最后，我们之间不再争论谁对谁错了，这次我们的交谈愉快多了，我给他看的也是一些让他耳目一新的东西。他捡起那些一瓶又一瓶的冷膏来阅读标签上的说明，我们之间一场友好的谈话展开了，他十分有兴趣地又向我提出了一些其他的问题，本来我们之间约好的谈话时间是10分钟，但后来，20分钟、30分钟、40分钟，快到一个小时的时候，我们还在交谈。”

“这次我陈述的事实和之前是同样的一个事实，但是我使用的是充满戏剧化的表演方式，就产生了完全不同的结果。”

这个案例中，普顿前后两种不同的表达方式，产生了完全不同的两种效果，很显然，戏剧性地展现自己的意图让他达到了自己的目的。

此时，我们要想让自己的想法影响到对方，首先不要直接表达自己的意图，而是学会曲径通幽、戏剧性地表达，这一暗示技巧能帮助我们很快达到自己的目的。

表达认同，让对方乐于与你交流

我们都知道，现代社会，竞争激烈，每个人都在高压之下生活和工作，人们都希望能获得他人的理解，而很多人之所以不愿意敞开心扉与人沟通，最重要的一点就是找不到属于自己的听众，也就不愿意倾诉。为此，如果你希望对方向你敞开心扉，那么，与人沟通时，多给予对方认同，使对方心情愉快，就会换来对方的理解和信任。

卡耐基小时候是一个公认的坏男孩。在他9岁的时候，父亲把继母娶进家门。当时他们是居住在乡下的贫苦人家，而继母则来自富有的家庭。

父亲一边向继母介绍卡耐基，一边说：“亲爱的，希望你注意这个全郡最坏的男孩，他已经让我无可奈何。说不定明天早晨以前，他就会拿石头扔向你，或者做出你完全想不到的坏事。”

出乎卡耐基意料的是，继母微笑着走到他面前，托起他的头认真地看着他。接着她回来对丈夫说："你错了，他不是全郡最坏的男孩，而是全郡最聪明最有创造力的男孩。只不过，他还没有找到发泄热情的地方。"

继母的话说得卡耐基心里热乎乎的，眼泪几乎滚落下来。就是凭着她这一句话，他和继母开始建立友谊。也就是这一句话，成为激励他一生的动力，使他日后创造了成功的28项黄金法则，帮助千千万万的普通人走上成功和致富的道路。

卡耐基14岁时，继母给他买了一部二手打字机，并且对他说，相信你会成为一名作家。卡耐基接受了继母的礼物和期望，并开始向当地的一家报纸投稿。他了解继母的热忱，也很欣赏她的那股热忱，他亲眼看到她用自己的热忱，如何改善他们的家庭。所以，他不愿意辜负她。

来自继母的这股力量，激发了卡耐基的想象力，激励了他的创造力，帮助他和无穷的智慧发生联系，使他成为美国的富豪和著名作家，成为20世纪最有影响的人物之一。

在继母到来之前，没有一个人称赞过他聪明，他的父亲和邻居认定：他就是坏男孩。但是，继母就只说了一句话，便改变了他一生的命运。

案例中卡耐基的继母是个聪明人，她看到的也正是一个坏男孩身上别人没发现的优点，一句赞美，让一个坏男孩成为20世纪最有影响的人物之一。

人们都有这样的感觉：与志趣相投的人谈话其乐无穷，与志趣相异的人谈话，会感到"话不投机半句多"，也就是说，人们都喜欢交谈对方能认同自己。掌握人们的这一心理，在交谈时，你就要多肯定对方，让对方感到你与他志趣相投，对方一定乐意向你倾诉。

可见，巧妙地处理人际关系，最重要的一点就是掌握"认同别人"这一说话艺术。事实上，这也是我们这一时代智慧的结晶之一。也许，在你的生活中再也找不出像"赞同别人"这样一个简单技巧了。从今以后，请积极地认同别人吧！只要你懂得并善于运用认同的艺术，你就会成为一个受人欢迎的人。

那么，人们在与他人认识说话中，怎样运用“认同别人”这一暗示策略呢？

1. 要有认同的态度

如果你根本不认同对方的观点，那么，切不可虚伪作态。因为这样，你的一言一行都是假惺惺的，你自己都无法说服自己，又怎么能说服别人呢？

2. 当你认同别人时，一定要表达出来

不要指望你对对方的暗示能让他感受得到，要让他们知道你赞同他们的意见，不妨直接说出来，“我同意您的说法”或“您说得很对，我完全赞同”，“我认为您的看法很好”。

3. 不认同也不要直接表示反对

直接反对只会导致双方的争执，这样你会很快与人产生矛盾，你会失去很多，所以，请不要轻易否定别人，除非不得不这样做。

4. 避免与人争论

人际关系中最忌讳的就是与人争论。因为没有人能从争论中获胜，也没有人会从争论中赢得朋友。即使你是对的，也不要争论，这不是解决问题的最好办法，请务必记住这一点。

5. 用点头来表达肯定对方

交流的双方都希望对方能倾听自己，肯定自己。即使在对方表达的同时，也希望能获得你的认可和肯定。尽管对于你来说，可能并不赞同他的一些想法和看法。但是对于他来说，由于你没有反驳和辩解而认定你是支持和肯定他的。因而归属认同为自己人。因此，要想获得他人的好感，就要通过不断的点头来肯定对方的说法有一定的合理性。

6. 发现对方见解的独到性

盲目地否定别人的意见，很多时候只是因为对别人的排斥。如果能够做到理解别人、体贴别人，那么就能少一分盲目。

为此，我们要善于发现别人见解的独到性，只有这样，才能多角度地看问题。固定在自己的立场上，有时显得多么的无知和可笑。因此，无论何时都要注意，别听到不同的观点就怒不可遏。

当然，认同他人并不是毫无原则的，一味地迁就逢迎，反倒会引起别人的反感。因此，要把握好说话的分寸，管住自己的舌头，知道什么该说，什么不该说，该说的时候说得恰到好处，你的话才不会惹恼他人，你才会有良好的人际关系！

倾听也不能傻听，还要懂得询问和反馈

我们都知道，无论出于什么目的的沟通，要顺利达到自己的目标，就得掌握奥妙的人性心理，并通过语言成功操纵对方的心理。这里，如果我们能在说话前先倾听，找到对方的需求，那么，对方便会自发认同我们。科学研究也证明，耳朵所收集到的信息比眼睛要多得多，“万言万当，不如一默”，意思是人说一万句话，哪怕全部是正确的，也不如沉默不说一句。可见，倾听的重要性。但我们要明白一点，无论什么情况下的沟通，都是有一定沟通目的的，因此，要做到高效的沟通，就不能只听不说，我们必须在倾听中抓住问题的关键点，并适时做出反馈。

王涛是一家培训公司的经理。在过去的五年销售生涯中，他终于逐渐懂得了如何与客户沟通。

刚从事销售时，有一次，他与同事参加一次会谈，结果客户的回答却是：“你们的提案充满了激情，我们完全被你们眼花缭乱的PPT震住了，所以相信你们的团队在执行上同样充满激情。年轻人，好好干，你们很有前途；最后，

我们需要根据你们的提案再商量一下，看看是否符合我们今年的市场策略，我们会尽快联络你们的……”原来，会谈时间只有一个小时。而他从打完招呼的那一刻算起，长达102页的PPT伴随着口若悬河的讲述，占用了至少50分钟。其间客户几度试图说点儿什么，都被他无情地打断。

再后来，他懂得了要倾听，毕竟谈生意不是说单口相声。他收起了爱表现的欲望，但问题又出现了，他把说话的机会给了客户，可客户为什么还不满意？一个朋友开玩笑说：“你那死鱼般的眼睛能打动客户？”

他终于找到了问题的症结所在，原来，客户需要的是回应。他获得了沟通的一大经验：既要让别人说，还要专注于别人所说，并用眼神加以回应。也正是这一经验，让王涛在短短的五年时间，成为一名销售经理。

正如王涛所理解，倾听并不是面对客户时，不加以引导的任由客户不停的叙说，没有范围和重点，而是要积极地去倾听，将全部的身心都投入进去，要能够站在客户的角度上理解，并给予及时的回应。当然，回应客户的方式远不止眼神回应，我们同样可以通过动作、语言等。

这个故事同样给了我们一个心理启示：倾听不能“傻听”，要听还要反馈，并且，听出问题的实质，才能在反馈时做到对症下药，否则就会本末倒置。不给予反馈是沟通中常见的问题。许多人误认为沟通就是我听他说或者他听我说，常常忽视沟通中的反馈环节，不反馈往往会直接导致两种结果。

（1）信息发送方（表达者）不了解信息接收方（倾听方）是否准确接收到了信息。

（2）信息接收方无法证明和确认是否准确地接受了信息。

那么，具体来说，在沟通过程中，我们应该如何反馈呢？

第一步，倾听。

听人说话是一门大学问，有的人经常被别人说成“左耳朵进右耳朵出”，形容他听话总是记不住。其实，一般人在听别人说话的时候，基本上能记住一半的内容已经不错了。

造成效果这么差的原因有两点：一是因为听者的思考速度比说者的讲话速度快，因此有许多空闲的时间胡思乱想；二是当说者的论点与听者的观点不同时，后者就很难再听下去了。为避免倾听效果不良，除了集中注意力用心听之外，最好的方法是：备妥纸与笔，记笔记。把谈话重点一一记下来之后，就不会忘记了。

不管是自己的朋友、同事、领导、客户，在沟通的时候，倾听对方表达的内容和目的都非常重要。

这里，有几个关键点：

（1）对方的问题点。

这也是倾听的重要任务，有时候，对方的某些问题是不会真正向你坦白的。

（2）情绪化字眼。

当人们感觉到痛苦或兴奋时，一般会通过一些对话中的字眼来体现，比如“太好了”、“真棒”、“怎么可能”、“非常不满意”等等。这些字眼都表现了他们的潜意识导向，表明了他们的深层次看法，我们在倾听时要格外注意。

第二步，反馈。

对方的反馈指的是对方做出的、可以识别的反应，比如，对方做出的某些动作，“摇一下头”、“皱一下眉”或是想要说些什么，这些对我们来说，都是对方发出的信号。

通过自己敏锐的观察和感觉，你可以调整自己的说话速度或者话题。如果你没能注意到这些信号，或是未做出反应，这意味着错误的或者不完全的沟通。

对方表达完后，要在适当的时候去给予回应，也就是反馈。要及时、明朗、不含糊的给予认同或肯定。“是的、对、嗯、是啊 ”等，都是必不可少的。

第三步，表达自己的观点。

对方的观点跟自己的观点如有冲突或者自己认为有异议，也要先给予肯定，再说出自己的想法和观点，但是也要有度，恰如其分，这点很重要！

总之，反馈是沟通过程中的一部分，指在沟通过程中信息的接收者向信息的发送者做出回应的行为。一个完整的沟通过程既包括信息发送者的表达和信息接收者的倾听，也包括信息接收者对信息发送者的反馈。

巧妙引导，让对方说出你想要的答案

生活中，与人谈话，我们若希望达到目的，就不能只有说的技巧，还要有引导对方思维的能力，一味地说，未必能让对方心服口服，而巧妙引导对方，让对方接受我们的语言暗示，然后以思维为核心，经过层层推进，是能让对方接受我们意见的。

一个老太太在她所住居民楼下的市场买李子。她走到第一个小贩跟前，小贩问：“大娘，要不要买李子，我的李子全部又大又甜。”老奶奶没有回应他，她来到第二个小贩跟前，问：“李子怎么卖？”小贩说：“我这儿有两种李子，一种又大又甜，另一种酸酸的。请问你要哪一种？”老奶奶说：“那给我来一斤酸的吧。”老奶奶买了一斤酸的李子后，当她经过第三个小贩跟前的时候，第三个小贩问：“老奶奶，来买李子啊？”老奶奶回答说：“是啊，我来买酸李子。”小贩就问：“别人都喜欢买甜的李子，而您为什么要买酸李子呢？”老奶奶说：“我儿媳怀孕了，听说吃酸的东西比较好。”小贩笑着说：

“您对儿媳真是细心啊。听说孕妇吃猕猴桃比较补身子，不如买一斤回去给儿媳尝尝啊。”老奶奶听了很高兴，又买了一斤猕猴桃。小贩接着说：“我这儿也有酸李子，今后您可以长期到我这儿来买，我给你一个优惠。”老太太听了连连点头，乐呵呵地走了。

案例中，第一个小贩只是向老奶奶销售他想卖出去的甜李子，结果什么都没卖出去。第二个小贩询问到了老奶奶需要买酸的李子，结果他卖出了一斤李子。只有第三个小贩充分地了解到了老奶奶的需求，结果他卖出了一斤猕猴桃，还获得了长远的销售机会。可见，客户需求在销售过程中的重要性。作为销售人员，必须先行一步，了解准客户的现状，再了解准客户的期望，然后通过产品的卖点来满足准客户的需求。

莉莉与小齐初中毕业后就一起来到城里的一家餐馆打工，她们关系很好，可谓是无话不谈的朋友。但两人的做人行事作风却有点差异。

一次，莉莉在收拾餐桌的时候，发现了一个手机，肯定是客人落下的，莉莉早就渴望有一部手机，于是，她想悄悄据为己有。不巧，被小齐看见了，让她上交，可莉莉说：“什么呀，我没拿什么手机啊。”

小齐说：“莉莉，你知道什么叫‘不劳而获’吗？”

“不知道！”莉莉嘟着嘴回答。

小齐说：“你看，‘不劳而获’是不经过劳动而占有劳动果实。说得确切点是占有别人的劳动果实！”

“我可不懂那么多。”莉莉有点不耐烦了。

小齐耐心地问：“你说，抢别人的东西是不是‘不劳而获’？”

“是的。”

“你说，偷别人的东西是不是‘不劳而获’？”

“当然是的。”

“那么，拾到别人的东西据为己有是不是‘不劳而获’呢？”

“这，这……当然……”莉莉这时不知道说什么好了，吞吞吐吐地回答着。

看到莉莉已经同意了自己的观点，小齐顺势说：“其实，拾到别人的东西据为己有和偷、抢得来的东西，在‘不劳而获’这一点上是相通的，除了国家法律，我们还应有一定的社会公德，再说，我们来的时候，老板都给我们讲了店里的工作守则，其中就有一项：拾到顾客遗失的物品要交还，如果我们还想在这家店干下去，可不能因为这点蝇头小利丢了工作啊！咱自己想要手机，就要靠自己的能力挣钱买，那样用得才理直气壮哩！”

最后，莉莉主动把手机上交了。

案例中的小齐就是个会说话的人，在她发现好朋友莉莉准备将捡来的手机据为己有的时候，并没有直接追问，让对方承认这是一种错误的方式，而是采用“敲边鼓”的方法，先提出一个看似与“偷手机事件”无关的“不劳而获”的意义，让莉莉明白什么是不劳而获，从而逐渐由大及小，步步推进，最后才切入实质性问题：拾到东西据为己有，同偷、抢一样是“不劳而获”。最后，聪明的小齐又把问题带回到莉莉想把手机据为己有的想法是不正确的，并劝说莉莉可以自己努力工作去买一部手机。小齐的说服可谓是有理有据，莉莉自然也能接受。

我们可以发现，很多人误以为在与人沟通时，应毫不让步，让对方没有拒绝的余地。但事实证明，有时候，我们越是想让别人接受我们的意见，越是事与愿违。而假若我们能让对方接受我们传达的心理暗示，让其跟着我们的思维想象，最终自己得出结论，那么，沟通起来就会更容易。

我们该如何运用这一心理暗示策略呢？

1. 明确最终的沟通目的

这就要求我们在沟通前，明确自己的立场。否则，我们的思维很容易被对方掌控，导致中途“倒戈”。

2. 站在对方角度说话，步步为营地引导

这需要我们运用语言的智慧引诱他人进入自己的圈套，于无形之中将他人的内心防线攻破。也就等于在两个人的角逐中占得先机，这样就会在不知不觉中挫了对方的锐气。

3. 保证轻松的谈话氛围

大部分成功的暗示都要在彼此和谐的气氛下进行才可能达成。如果我们不注意说话态度，即使完美无缺的暗示策略，也会因对方生疑而不攻自破。

总之，高超的沟通技巧不是一味地向对方灌输自己的观点，而是“不战而屈人之兵”，通过语言的诱导，让对方在不知不觉中认可我们的观点，接纳我们的想法。

先探寻对方的弱点，然后一语中的

我们的生活环境中，总是存在形形色色的人，但无论什么人，都有他们的弱点，与他们交涉的过程中，在沟通无效的情况下，我们不妨使出这最后一招——用言语触碰到对方的“死穴”，对方必定束手就擒。

小李是一名保险推销员，她从事这个工作好几年了，业绩一直很好。但这次她发现，她的客户姜先生确实是块难啃的骨头，这位蒋先生完全有能力购买家庭保险，而且他也很关心自己的家人。可是当小李劝他投保时，他总是提出异议，并且进行了一些琐碎且毫无意义的反驳。小李意识到，如果不用点什么好对策的话，这次谈判大概不会成功了。

小李凝视着姜先生说：“姜先生，实际上您对自己购买家庭保险的要求已经十分明确了，而且您也有足够的能力支付相关的保险费用，更重要的是，您比任何人都关爱家人的安全和健康。不过，您仍然不能下定决心购买保险。”稍微停顿了一下之后，小李转开话题继续说道：“对了，您平时是如何支配您的休息时间呢？为了更有保障，您可能会选择待在家里。其实据有关统计数据表明，家庭这个地方是最容易发生危险的地方。”说着，小李将一些统计资料交到姜先生手中。

刚刚还出现在姜先生脸上的喜悦表情这时已经荡然无存了。小李此时将声调提高了一点，她说：“姜先生，如果您现在马上让我从您家出去的话，我会认为那是情理之中的事情。但我担心您会想：‘如果我正是在这个时间里发生意外伤害怎么办？’”

姜先生很诚恳地点了点头，表示认同小李的说法。

小李直视着姜先生说：“而有了这种保险，您一周7天之内的任何一天都有足够的安全保障，在一天24小时里的每一小时都不会被忽略。不管在什么地方，不管您是在工作、出差还是休闲，您都会享受到安全的保障，您的家人也会得到这样的保障，这一定正是您所希望的吧？”

此时姜先生还有什么可说的呢？他高高兴兴地购买了费用最高的那种保险，因为他要保证自己和家人时刻都处于一种足够安全的保险体系当中。

案例中的小李在劝服不成后及时转化说话方式，直击客户最担忧的问题——安全问题，让原本犹豫不决、总是提出异议的客户迅速做出了购买决定。

事实上，我们也发现，在与人交往中，那些说话温文尔雅的人在某些时候似乎并不吃香，尤其是说服他人时，他们的话似乎并不能让对方真的听进去。而相反，那些善于运用心理暗示策略的人都深知在说服他人的过程中一定要找到对方的软肋，然后一语中的，让自己的话变得有分量，最终引起对方的重视，实现自己的目的。

其实，这种暗示方法可以应用到与人交往的各个方面。我们所处的社会是个大舞台，每个个体所饰演的角色都各不相似，杂乱而又多变。我们只有善于与不同性格的人交友，才能在人际关系中游刃有余，在社会中占有一席之地。而每个人都有其软肋和死穴，抓着这一点说话，能帮助我们迅速直指人心。

具体来说，在运用这一心理暗示策略的时候，我们需要注意：

1. 注意表达

沟通中，我们要展现自己的风度，除了要注意自己的态度和说话的方式外，也需要注意表达方法。

（1）说话要言简意赅、长话短说。句子说得短一些，不仅说起来轻松，听起来省力，吸引力也强。

（2）一定要注意自己说话的语速和节奏性，吐字清晰，尽量看着对方的眼睛说话，这样，才能说明你是自信的、有能力的。如果说话时眼神游离不定或者不敢正视他人，那么，就说明你是自卑的、意志薄弱的。

2. 尽量等到对方表达完之后表态

中国人是最具有“重点置之于后”心理因素的。所以你不能抢着说话，越是最后说话越有把握。

比如，在与对方谈话时，应该让对方充分地把意见、态度全部表明后，自己再说话。让对方先谈，这时主动权在你这一边，可以帮助我们更好地了解对方，进而找到其软肋。

3. 注意态度，不可目中无人

与人交谈的过程中，你也要时刻注意其他人尚未发现的问题。言谈举止中要有个人魅力，而且还要注意自己的讲话技巧，切忌态度高傲，目中无人。

总之，人际交流中，一个人，即使隐瞒得再深，也会有破绽，只要我们善于观察，找出对方的软肋，并用语言巧妙指出来，一定能令其就范。

第 12 章

巧妙“贴金”，心理暗示助你提升形象

现代社会，我们都有参与社交的必要，而我们若想达到自己的社交目的，首先就要提升自己的社交影响力，可以吸引他人主动与我们交往，并且能促使人际关系更密切。若要做到这一点，你就要学会往自己脸上“贴金”，这是社交心理策略的一种，只要我们向对方暗示我们是有价值的人，就能无形中提升我们在对方心中的形象和威信，愿意与他们结交，进而接受我们的思想、观点。

用“我很忙”向对方暗示你是个重要人物

日常生活中，我们与人沟通，都希望自己的话能起到作用，能让对方接受我们的想法，而往往，那些沟通能力强的人，通常懂得运用暗示的方法，比如，为了提升自我形象，增强自己说话的威信，他们会在不经意时运用“我很忙”的说法，这样给对方的暗示是：“日理万机的人都是重要人物。”那么，对方自然会认为你是个说话有分量的人，也就更容易接受你的意见和想法。

小阳是刚毕业的大学生，和很多同学一样，他也加入到了找工作的大潮中。

一次，他在招聘启事上看到某国企正在招聘秘书，正好和中文毕业的他专业对口，他为此窃喜。不过他发现，对方要求的是硕士学历，而他只是本科毕业。但是他并没有放弃，还主动给对方打了电话，在电话中，小阳被拒绝了。

这天，他带着自己的简历来到了招聘企业。前来应聘的人不是很多，但都是硕士学历，小阳也谎称自己是硕士学历，因而获得了与面试官面谈的机会。

当面试官得知他只有本科学历时，明显的感到不悦，小阳急忙做了解释，并对面试官说：“我的学历低一些，但是我相信贵企业需要的是人才，而不是学历。”面试官略加思考之后，给了他这个面试的机会。

小阳抓住机会，将自己详细的介绍了一番，在介绍当中，他除了说自己的基本情况之外，大多数都在表示自己从读书到现在都没“闲着”。他说：“我并没有读研究生，不过读书这些年确实太忙了，在我高中的时候，就在当地的期刊上发表过小说，上大学的时候，在著名的半月刊《十月》上发表中篇小说，引起了不小的轰动。另外，在大学期间，我还长期担任校学生会主席，协助校领导完成学生的管理工作，并多次得到了校领导的肯定和同学们的认可。当然，我在学习上也非常努力，成绩一直是全年级第一，多次拿了国家奖学金。”说着，小阳又将成绩单和奖学金的证书放到了面试官的面前。

整个面试，小阳一直强调自己很忙，面试官频频的点头。面试结束之后的第三天，他就接到了国有企业的电话通知，让他去报到。就这样，小阳在不利的条件之下，发挥了自己的优势，得到了国有企业秘书这个职位。

这则故事中，我们发现小阳是个聪明、善于应变的年轻人。面试的过程中，他通过称自己“很忙”，而巧妙地自夸，进而让面试官看到了自己的实力，最终在众多的面试者当中脱颖而出。而假如他当时比较低调，不主动对面试官们进行暗示，那么他给面试官留下的印象便会很淡，最终很有可能与之无缘。

人际交往中，那些有身份、有地位的人似乎更容易受到大家重视、尊敬甚至追捧，这是因为人们通常相信那些有身份的人更有能量，更有影响力，是更有价值的人脉。因此，我们若想吸引他人主动与我们交往，就应该学会巧妙提升“身份”，其中一个重要的暗示方法就是称“我很忙。”毕竟，只有能力强、地位高的人才会“很忙”。这样暗示对方，能帮助我们提升形象。

然而，很多人在长期接受了“做人要谦虚”的教导后，他们更希望“自贬”——原本他们有十分的能量，却只表达出五分甚至更少。实际上，要想被别人重视和认可，那么就要适当的高调一些，大胆的表现自己，对自己进行夸奖，往自己的脸上“贴金”，让自己与众不同，这样才能让自己的气场更强。

由此可见，人际交往中，学会巧妙地提升自己的身份，称自己“忙”是一种自夸和往自己的脸上“贴金”的好方法，能增强别人对你的认可和欣赏。当然，在运用这一语言策略暗示对方的时候，还需要注意两点：

1. 自信表达，不必过分谦虚

如果你一再的谦虚，等着别人来发现你，那么你注定会失去很多机会。因为被人发现是需要一定时间的。所以，抓住机会，及时的自我推荐显得尤为重要。在向对方暗示的时候，要有勇气，自信一些，要知道你在为自己争取机会。如果你连站起来夸奖自己的勇气都没有，那么即使你能力再强，别人也不知道。再者说，没有真本事，敢炫耀自己吗。

2. 不可恃才傲物、傲慢无礼

有些人在暗示自己是重要人物的时候，一个劲的炫耀自己多么伟大，多么有本事。恃才傲物之情油然而生，这样你说话的态度便会发生很大的变化，言语间流露出骄傲自满，甚至是飞扬跋扈的情绪。不要忘记，你是为了要给别人留下好印象，是为了让别人更加的欣赏你，态度不谦虚，别人怎么可能欣赏你呢？

总之，无论出于何种目的的人际沟通，要想提升自己的威信，让对方认可你，就要懂得暗示对方，称“我很忙”这一方法往往能起到很好的暗示作用。

以名人引路，暗示自己是个“人物”

我们可能都有过这样的经历：如果有一群人想要结识你，其中有一个人说他认识某某明星的经纪人；或者说他和某大企业的总经理一起吃过饭；或者说自己曾经有过一段不平凡的经历，你会不会对他格外注意或者寻长问短，希望得到这些人更多的一些“信息”？或许你对这些不感兴趣，但至少你会记忆深刻，当下次他再和你说话时，你会毫不犹豫的叫出他的名字。

生活中，这样的现象实在太多了，这些人为什么能吸引他人的注意？是因为他们善于利用“名人效应”来抬高自己的身价。在社交生活中，我们也可以通过这种方法，让他人对我们刮目相看。

在心理学中，有个著名的名人效应，所谓名人效应，指的是当名人出现时所引起的他人的注意、扩大影响和强化事物的效应，或者人们模仿名人的一种心理现象，它是一种统称。名人效应已经在生活中的方方面面产生深远影响，比如，生活中，商家寻找明星代言能刺激消费、慈善机构组织的活动若能有名人参加能带动社会关怀弱者等等。

同样，与人打交道的过程中，我们如果学会借助名人说话，就能给对方一个暗示：你也是个人物，这样，对方往往更愿意认识你，了解你，就会给你更多的机会，你就能有更多的发展空间来证明自己。所以，一定不要拒绝“名人”带给你的帮助。

在北京北海公园琼岛对面，有一家老饭店，这家饭店一直沿袭的是清代宫廷菜的烹饪方法，但奇怪的是生意一直都不好。

后来，这家饭店的负责人经过一番调查发现，很多游客尤其是外国游客对中国皇帝的饮食起居很有兴趣。抓住这一点，他决定将饭店的饭菜以“皇帝吃过的饭菜”为宣传点，大肆进行宣传，并且，对于店内的每一道菜，他都搜集出故事，并让服务员背下来，在服务员上菜、客人点菜的时候，服务员就会说出这道菜的由来。就这样，这家店的生意一下子火了起来。

一次，美国华盛顿黑人市长在这里举行答谢宴会，席间，服务员端上来一盘点心，彬彬有礼地介绍说：“曾经慈禧太后夜里梦见吃肉末烧饼，第二天早膳时，厨师给他准备的正是肉末烧饼，她很高兴，因为这不就是心想事成吗？今天大家吃的也是这道心想事成的典型，愿大家事事如意，步步吉祥……”这一席话让在场的所有客人都变得心情大好，这位黑人市长高兴地敬了服务员一杯酒，说：“下次来北京，愿再来你们这里做客！”

一道小小的菜肴都能借助贵人之光，拥有另类的文化意义，从而迅速走红，我们在交际中也是如此，与人交往的时候，要学会炒出自己的身价，然后有的放矢，发挥我们的交际能力，“攀上高枝儿”，我们就能少走很多人生奋斗的弯路。

借助名人的影响力，并不是说你可以依仗与名人的关系而炫耀自己的人脉，这是一件愚蠢的事，这样做不但不能得到别人的认可和喜欢，更可能让对方讨厌你，因为这意味着一种轻蔑和不屑。因此，你在借助别人影响力的时候需要注意语言技巧。具体来说，我们需要注意的是：

1. 不露声色的以名人为话题

事实上，你可以装作无意识地提及这个名人，在和别人谈话的过程中，凡是有牵涉到第三者的话题，你尽可能地谈论你认识的名人。比如，当对方说了一个笑话时，你可以说“您真幽默，我曾以为×××是我见过的最幽默的人。”这时候，对方会立即产生兴趣，继而会问你：“是吗？你还认识他呀……”慢慢地，话题也就展开了。

再者，我们还可以不露声色的表明自己和某名人的关系：假如你确实和某个名人认识，但你又不想让对方认为你故意炫耀自己的人脉，此时，你就可以这样表达：“××先生您好，很高兴认识您，我经常听我叔叔（或者其他关系）提起您！”对方听你这么说，必然会问你的叔叔是谁，这时候你就可以很自然很巧妙地达到目的了。

2. 借助自己的身份

“您好，先生，我叫××，是××公司的市场部总监，不知道您对我们公司是否有了解，我们致力于为企业培养最专业的人才，在上海和广州都有分公司，我们为××公司等多家知名公司提供了多种服务。”

这段开场白中，我们发现，说话者是利用自己的职位来介绍自己的，这样介绍很有权威性，必定能让客户信服。

总之，不管你处于什么职位，也不管你做什么工作，不必过于谦虚客气，适度地自抬身价吧，就算被人笑，也好过自贬身价，而且只要“抬”成功了，你就会从中受益。

权威性语言向对方暗示自己说的话具有可靠性

在我们的现实生活中，往往对那些经过权威机构认证的商品更放心。因此，在心理学上有个著名的权威效应。“权威效应”，又称为权威暗示效应，是指一个人要是地位高，有威信，受人敬重，那他所说的话及所做的事就容易引起别人重视，并让他们相信其正确性，即：“人微言轻、人贵言重”。从这一心理出发，认为权威人物往往是正确的楷模，服从他们会使自己具备安全感，增加不会出错的“保险系数”；其次是由于人们有“赞许心理”，即人们总认为权威人物的要求往往和社会规范相一致，按照权威人物的要求去做，会得到各方面的赞许和奖励。为此，我们在与人沟通的时候，也可以运用人们的这一心理，运用权威暗示他们的信息具有可靠性，这样，他人接受起来也更容易。

相传，南朝的刘勰写出《文心雕龙》后由于无人重视，他想请当时的大文学家沈约审阅，但沈约却不予理睬。后来他装扮成卖书人，将作品送给沈约。没想到沈约阅后评价极高，于是《文心雕龙》成为中国文学评论的经典名著。

不得不说，我们每个人对于一些新事物，都是心存警惕之心的，而如果这一事物已经获得了广泛的认可，尤其是有权威认证的话，则认为安全得多。所以，我们在与人沟通的过程中，便可利用这一暗示方法——巧用权威，让对方消除疑虑就容易得多。

具体来说，我们可以从以下两个方面对对方进行权威性的暗示：

1. 用事实说话，你的话就是“权威”

“百闻不如一见”，事实胜于雄辩。如果从心理学的角度来分析，人们的心理趋向是求真、求实，只有真的东西，才是人们最可信的。如果我们不是“权威”，就要善于制造“权威”。要使别人心服口服地接受你的观点、意见，就要让事实说话，事实充分交流法使你言重如山。在说服中，要善于运用事实充分交流法。这种说服方法根本的一点就是唯实、唯事，尊重客观事实，用事实说话。运用事实交流法进行说服最能打动人心，最能使人信服。

2. “引经据典”，使你的语言更具说服力

我们在说服别人的时候，如果能适时地引用某些权威人士的语言，将会增强说服力，比如，为了证明你产品的效果，你可以这样对客户说：“××说过……”

3. 借用名专家的话，比如“某专家认为”

很多健康专家认为，晚上身体向右侧睡才是最健康的睡姿。于是，当你在向朋友或家人证实这个言论的真实性的时候，不妨可以这样说“健康专家都这么说，难道还有假？”比如，在每一只牙刷上面都会标明“牙医建议，三个月更换一只牙刷”。

4. 借用位高权重人士的话

最近几年国家经济飞速发展，但物价猛涨，对此，国家相关权威人士表示会抑制部分的经济泡沫。于是，在平日闲聊中，邻居大妈可能更愿意相信物价不跌反涨，你就可以搬出权威人士的话“央行行长都发话了，要出台一系列措施，抑制物价……”。

5. 用各行业权威人士的话

在每个行业都有相应的权威人士，比如文学领域里的茅盾、鲁迅，艺术领域里的梵高、贝多芬，等等。当我们在强调语言是多么重要的时候，不妨

搬出语言大师林语堂的言论：“语言不是一般的工具，使用起来不同于其他工具”。

当然，我们在沟通过程中，在运用权威进行暗示对方的时候，一定要保证我们说话内容的真实性，否则对方一旦发现你所陈述的内容不符合事实，就会产生更大的质疑。

可见，在人际交往中，要想让我们的话显得更可靠，让对方更信任我们，就要让我们的话得到权威的认可。我们的话越显得权威，越是能打消对方的顾虑。

适时展现才学，暗示对方你的博学

自古以来，我们都强调做人要谦虚内敛，但这并不意味着我们要妄自菲薄，在与人交往的过程中也不要过分谦虚。如果你在关键时刻不敢表现自己的才华，那么，只能错过与人结交的机会。做人谦虚一点，这本没有什么错，但是过度的谦虚往往会让别人认为你无能，对于一个没有能力的人，大家自然不会喜欢你，欣赏你。相反，与人交往，如果我们想获得对方的认同，就要建立威信，聪明的人往往懂得在这一过程中运用暗示心理学，他们会在顺风顺水的时候展现自己的才学，以此给对方暗示——“我很博学”，那么，自然能提升你在对方心中的形象，也更容易让对方信服。

三年前，钟玲玲和陈晓同时被一家大型企业录用。在校时，她们都是才思敏捷、成绩优异的好学生。但是参加工作以后，仅仅才过两三年，她们的薪资待遇和岗位级别就有了很大差别。

钟玲玲是学会计的，自然进了公司的财务部，但一直以来和数字打交道的她显得木讷、内敛，甚至有点自卑，给人的印象就是不太合群、不大吭声，也很少参加单位组织的各项活动。事实上，在公司的三年里，她一直努力工作，在专业能力上可以说早已超过了其他同事。但是并没有得到领导的肯定和赏识。

空闲的时候，她经常想："如果哪一天老总找我单独谈话，借着向他汇报工作情况的机会，我就可以好好展示一下自己的才干了！"可是，每次老总来视察的时候，当其他同事都从座位上站起来，不是跑过去打招呼就是端茶倒水，她连大气都不敢出，更别说与老总寒暄了。

相反，陈晓则与钟玲玲不大一样，她在大学学的是市场营销，自然就进了公司的市场部。几年与客户打交道的经验，已经让她知道怎么自信地表现自己的能力。她刚进公司没多久，就通过各种方法了解到了老总的情况，包括学历背景、生活习惯、处事风格、人生起落等，然后她还设计了几个与老总交流的话题。

陈晓留意到，老总中午的时候多半都会去员工餐厅吃饭，于是，她便开始找机会结识老总。一天，她看见老总一个人坐在餐厅的角落里，她便走过去，随意地坐在老总旁边，然后和老总闲谈了几句。渐渐地，老总觉得两人有很多共同话题，也越来越欣赏她。

后来，工作时间，老总把她叫到办公室，了解了她的工作情况和她的才干。很快，陈晓如愿以偿，在公司争取到了更好的职位和发展空间。

这个故事中，我们发现，钟玲玲和陈晓同时进入这家公司，同样具备某些方面的能力，但却有着完全不同的职场命运？这是为什么呢？很简单，因为陈晓懂得如何表现自己，而钟玲玲却孤芳自赏，它让自卑掩盖了自己所有的美丽，掩盖了自己的才能！

事实上，在你的周围，能力和你相当，甚至是超过你的人大有人在。如果你抓住机会，及时的展现才华和能力，赢得了别人的喜欢，或许就为自己赢得了一个机会。

相信我们都看过赵本山的小品《不差钱》：当赵本山扮演的爷爷为自己的孙女推荐贵人的时候，餐厅的服务员小沈阳却发现了这是个机会。于是死死的抓住不放，最终获得了贵人的青睐。尽管这是一个主题是花钱吃饭的小品，但是侧面也展现了这样一个问题，老天对谁都是公平的，只要你有才能，敢于抓住机会，让他人多了解你的本事和才华，只要获得了他们的青睐，你的事业成功变得简单多了。

可见，在关键时刻，不但不要假惺惺的谦虚礼让，更要主动地展现才华，这不仅是一种社交方法，更是一种心理策略，这能暗示对方你是博学的，以此吸引对方欣赏你，认可你，这对你的人际交往来说有很大的帮助。事实上，人总是喜欢结交自己欣赏和佩服的人，如果你庸庸碌碌，又怎么可能引起别人的注意呢。相反，如果你让对方看到了你的才华，概率往往会提高很多。

当然，要想展现自己，那也得有才华，有能力才行，如果你没有多大的本事，多大的能耐，却一个劲的卖弄，无异于小丑一般，让人取笑。因此，如果你想在IT行业认识一些前辈级的人物，那么，你首先应该提高自己在编程和组织架构上的能力；如果你想在金融行业站稳脚跟，你就应该首先做到对金融业相关知识了如指掌；如果你想成为一名令人尊敬的老师，你首先就应该在传道授业解惑上孜孜不倦……

言之有物能向对方暗示你的话很可靠

生活中，我们常常羡慕这样一类人，他们似乎有某种魔力，无论走到哪里，都能成为众人关注的对象，都能成为社交的中心，无论他们说什么，似乎也都能被大家接受。事实上，他们之所以能做到吸引到周围的人，并不是因为他们拥有的财富有多少、社会地位有多高，而是因为他们说话、办事诚实可靠，并且，他们懂得运用心理暗示的方法来影响他人，比如，在陈述某件事时，往往能做到言之有物、详细清楚，从而做到让对方深信不疑。

1863年7月1日，对于美国人民来说是个非常有意义的日子，因为这天在美国发生了一件惊天动地的事，美国南北战争在华盛顿附近的葛底斯堡打响了。三天激战后，北方部分大获全胜。

战后，美国的宾西法尼亚等几个州商讨决定把战争中逝去的烈士合葬在国家烈士公墓。

公墓在1863年11月19日举行落成典礼，美国总统林肯也就理所应当地被邀请前去。除了林肯之外，演讲者还有美国的前国务卿埃弗雷特，而林肯只是因为总统的身份，才被邀请在埃弗雷特之后讲几句形式上的话。这种情况下，林肯非常清楚自己的处境，在他前面演说的是在美国历史上最有演说能力的人。而林肯如果说不好的话，无疑就会被在场的人笑话，会使得自己总统的颜面尽失。

在典礼上，埃弗雷特那长达两个小时的演讲，洋洋洒洒，确实非常精彩，也获得了听众的掌声。令人意想不到的是，林肯的演说居然只有十分钟，而就这十分钟的演讲，不仅仅赢得了当时在场一万多名听众的热烈欢迎，而且还在全国引起了轰动。

当时有报纸评论说："这篇短小精悍的演说简直就是无价之宝，感情深厚，思想集中，措辞精炼，字字句句都很朴实、优雅，行文毫无瑕疵，完全出乎人们的意料。"就连埃弗雷特本人第二天也写信给林肯："我用了两个小时总算接触到了你所阐明的那个中心思想，而你只用了十分钟就说得明明白白。"林肯这次出色的演讲的手稿被收藏到了图书馆，演讲词被铸成金文，存入了牛津大学，作为英语演讲的最高典范。

林肯在这次演讲中靠什么取胜？那就是简洁的演讲，他那简短有力的演讲比长达两个小时的精彩演讲更深入人心。很多时候，言简意赅的讲话比那些长篇大论更容易被人们所接受，所谓“浓缩的就是精华”，因为简洁，所以它所阐明的思想会更有深度；因为简洁，它所表达的意思更加清晰；因为简洁，它所彰显的内容会更有力度。

由此可见，在人际交往中，我们若想提升别人对你的欣赏，就要提高自己说话的可信度，而表述详尽往往能暗示这一点。当然，在运用这一暗示方法修炼气场的过程中，还需要我们做到：

1. 说话要有底气

在和别人的交谈中，你一定要有信心，坚信自己的观点是正确的，在这种积极的心理暗示下，你说话时才会理直气壮，这样，强大的气场就会形成了。相反，如果你唯唯诺诺、底气不足，那么，你传递给对方的就是一些消极的信息。这样一来，你失去了强大的气场，对方的气场逐渐盖过你。因此，在陈述你的意见或者观点的时候，不但要详细，更要坚信自己是正确的，这样你才能绝对的自信，才能理直气壮，营造强大的气场。

2. 语言表达简洁干练

很难想象，一个词不搭意，语无伦次的人能条理清晰地陈述自己的观点，更别说让别人信服。因此，在与人交谈的时候，语言表达一定要简洁干练，用简单的语句将你的意思，你的情感表达的清楚明了。别人根本没有思考的空间，你所说的话，你的情感和意见会迅速的占领别人的心，这样才能给别人带来震慑的效果。平日里说话要尽量简洁干练，给人雷厉风行的感觉，把你的自信表现出来，你的气场自然会强大起来。

3. 说话时要有逻辑性

如果你说的话言之有理、极富逻辑性，让他人无可辩驳，那么，即使想要不顺从都很难，因为你的话已经让对方从心底认同了。你的自信营造了强大的气场。相反，如果你所说的话前后矛盾，逻辑性很差，别人很容易找到辩驳的理由，自然不会听你的号召，你也就成不了别人的领袖。因此，在陈述某件事时，一定要有很强的逻辑性，用客观存在的逻辑关系征服别人的心。

第 13 章

批评他人，暗示让批评的话听起来也“悦耳”

生活中，与人打交道，遇到他人言语和行为中的过失，我们有必要对其进行批评指正。然而，没有人喜欢被人批评，心理学家研究表明：在人的内心之中，都有一种意识，认为自己是最优秀的。越是被否定，人们越是要反抗，同时，也会对别人产生抵触和抗拒情绪。此时，如果我们不去否定别人，而是巧妙地进行心理暗示让对方自己意识到错误，自行承认，才能从根本上实现批评指正的目的。

巧妙引导，让对方自行领悟到错误

在心理学中，有个这样的实验：让两个老师分别去指导学生改正作业中的错误。第一个老师对学生说："你这样做是错误的，你应该那样做。"尽管老师讲的很认真，可是最终学生还是没有学会。第二个老师则没有这么做，而是从根本上分析了学生为什么做错了，但是却从来没有说学生的做法是错误的。结果，这个学生很快就学会了。

同样是帮助学生改正错误，两个老师采用的方式方法不一样，结果也完全不一样。这究竟是为什么呢？在这里，心理学专家做出了解释：在每个人的心里都有虚荣心，都不愿意自己被否定。否定往往会激起内心的逆反心里，本能的产生抵触情绪。这种潜意识的抵触会阻挠接受。相反，巧妙的诱导，让别人自己去认识错误，不被否定内心中便没有抵触，接受也就很快了。基于人们的这种心理，在批评教育的时候，不要轻易去否定别人，而要巧妙的进行引导和暗示，让对方自己认识到错误，这样，才能更好的实现教育的目的。

有一位先生，请一位室内设计师为他的居所布置一些窗帘。当他收到室内设计师为他发来的账单时，他大吃一惊，因为很明显，这位设计师让他吃了很大的亏。过了几天，一位朋友来看他，问及这件事，很气愤地说："这也太离谱了，很明显你吃亏了。"但这位一直认为自己十分精明的先生却不肯承认这一点，他极力辩解："一分钱一分货，贵有贵的价值，我可不想因为看重价钱便宜而去买一些没品位的东西……”结果，他们为此事争论了一个下午，最后不欢而散。

可见，即使一个人犯了错误，也不愿意被别人贴上标签。与其说“你错了”，倒不如用事实说话，让他自己去承认。

美国军队有一条规定，军人一律不得蓄长发。而黑格将军担任北约部队总司令时，却蓄着长长的头发。

有一名被禁止留长发的美国士兵，看到画报上登载着长发的黑格将军像，便把它撕下来，贴在不许他留长发的办公室的门上。为了表示抗议，他还画一个箭头，指着总司令的头发，写了一行字：请看他的头发！

少校看见了这份别出心裁的抗议书，没有把这个愤愤不平的小兵喊来训斥一通，而是将那箭头延长，指向总司令的领章，也写了一行字：请看他的官衔！

这里，少校这样答复小兵的抗议是很幽默的。他也并没有指明小兵的做法是错误的，而是采用与小兵相同的“说话方式”，让小兵认识到自己的抗议是无效的。

其实，这样的案例在生活中还有很多，再比如，如果你是某公司的销售主管，而你发现最近一段时间内，公司的销售业绩一直不是很好，你知道问题出现在销售人员身上，但你也不好直接批评他们，对此，当他们把原因归结到前半个月是促销期时，你可以再继续问：“对，前半个月是促销期，那么除了这个原因之外，你认为还有没有其他的原因呢？”导购员说：“其他，我感觉好像这几天没有以前那么有信心了。”此时，你就应该抓住机会继续问：“是什么原因导致你信心下降呢？”

只要你能坦诚地用心与对方交流，让对方自己认识到错误其实并不难。

从这里，得出一个启示，批评他人，哪怕是正确的批评，一定要考虑对方的心理，要善于应用对方接受的方式来表达。而在批评他人时，选择将错就错、让对方领悟错误的方法，无疑是一种效率极高的批评方式。

那么，究竟如何巧妙诱导，让对方自行说出错误呢？

1.做正确的范例来衬托对方的错误

人都不愿意承认自己比别人弱，即使是自己真的做错了，也不希望别人说。这时候做下正确的范例，让对方在看到正确做法的同时，意识到自己的错误和不足。不用你再多说什么，对方自然在比较中清楚的看到差别，你的做法是对的，那么他的做法就是错的。这远比直接指出对方的错误要高明得多。同时，也不会引起别人的不满和抱怨。

2.表现出淡漠，暗示其自我反省

在人际交往中，如果对对方有不满情绪，那么不妨表现的冷漠些，使得对方意识到问题的存在，从而更好的在自己的身上找毛病，暗示对方进行自我反省，改正自己的缺点和毛病。当然，并不是所有人之间都能用冷淡来表达不满，一般情况，在亲人或者是亲密关系之间比较合适，因为他们可以感受到你的情绪，感受到你的热诚和冷淡。

可见，在批评他人的时候，顺势而为，就会产生一种加速度的作用力，相反，产生的往往是阻力。就像是一个正在上坡的人，如果是给他喊加油，就相当于是向上拉一把，可以让他更容易地越过陡坡。相反，如果是讥讽和打击，则往往会让他泄气，从坡上溜到坡底。如果你是一个深谙批评艺术的人，就要努力去满足他人的这种心理需求。

正话反说，对方自会明白你的意思

生活中，人们在指出他人错误、希望对方接受我们的指正时，往往采取的是训斥和教导的口气，而出于逆反心理，对方未必接受，其实，我们可能忽视了一点，人都是有自尊心的，与其正面批评他人，不如反其道而行之，采用正话反说的暗示方法，诱导对方进入圈套，从而最终让对方心知肚明。

马克·吐温收到一位初学写作的青年的来信。写信人对这样一个问题颇感兴趣：听说鱼骨里含有大量的磷质，而磷则有补于脑，那么要成为一个举世有名的大作家，就必须吃很多很多的鱼才行，不知道这种说法是否符合实际。他问马克·吐温：“您是否吃了很多很多的鱼，吃的又是哪种鱼？”

马克·吐温回信说：“看来，你得吃一条鲸鱼才成。”

这则故事中，马克·吐温是怎么让这位青年认识到“吃鱼和是否能成为著名的大作家之间并无多少关系”这一观点的？就是正话反说，因为没有谁会真正吃一条鲸鱼，从反面夸张地开个玩笑，对方也就自然认识到自己原本观点的荒诞可笑了。

正话反说运用隐晦的语言，以此来旁敲侧击，达到表达自己主观意愿的目的。

交谈中，如果我们反对他人的意见，但又不想因此得罪人，把气氛搞僵，不妨运用这种正话反说的语言，既不伤对方的面子，更能收到想要的效果。

那么，具体来说，我们该如何通过正话反说达到让对方心知肚明的效果呢？

1. 先肯定

一般来说，没有人喜欢被直接指出错误，批评的副作用也是可想而知的，而相反，人人都喜欢表扬，但这并不意味着不需要批评。日常生活中，面对他人的缺点、失误以及小错误的时候，我们不妨先采取正面鼓励、肯定和表扬的方式，这样，会把对方的错误意识上升到最高点，在后面的批评指正工作中，对方的领悟也就越深。

一名小学生天生一副犟脾气。一次课间，因他的同桌以“打呆子”的方式同他开了个玩笑，众目睽睽之下，他的自尊心受到了伤害，恼羞成怒，一把揪住对方扭打起来，嘴里还直喊：“今天被狗咬了！今天被狗咬了！”

此时已到上课时间，老师走进教室，看到这“热闹”的一幕，立即叫他们松手再说。但此学生就是“咬定青山不放松”。只见他额上青筋暴突，脸涨得通红，口中仍在喊个不停。老师灵机一动，接过他的话茬说：“是呀，你今天是被小狗儿咬了一口，但是，我们只看到过狗咬人，哪有人咬狗的！狗咬了你，你也非要咬狗不可，这不是说明你与狗一般见识了吗？狗有狗的主人，你被狗咬了，你要去找狗的主人论理才对呢！”

几句话，说得全班学生都笑了起来，这名学生也“扑哧”一笑，松了手。

2. 矛盾法得出正确结论

皮埃尔是巴黎的画家之一。他以前卫派画家自居。

有一次，他在塞纳河畔开了一个画展，把自己的作品都张挂起来。有个五十多岁的妇人从旁边走过，见了他的画，说：

“哎哟，这画可真有意思。眼睛朝那边，鼻孔冲向天，嘴是三角形的呢！”

皮埃尔对老妇人说：“欢迎你来参观，太太。这就是我描绘的现代美。”

“哦，那太好了。小伙子，你结婚了吗？我把长得和这张画一模一样的女儿嫁给你好吗？”

老妇人的一句问话，使皮埃尔陷入双重标准的窘境。

这种主观世界与客观世界的矛盾，造成一种强烈的反差，形成一种幽默的氛围。这种方法能制造幽默，因为它们常常把人置于几种不同的环境中，凸显出人类的弱点，令我们惊讶、羞愧、深思，让我们觉得有趣、可笑、意味深长。

3. 幽默法

约翰先生坐在车厢里很有礼貌地问坐在身边的一位女士：“我能抽烟吗？”

女士很客气地回答：“你就像在家里一样好啦！”约翰先生只好将烟盒重新放回衣袋里，叹了一口气说：“还是不能抽。”

这位女士说的是一句客气话，她的话并不幽默，幽默的产生来源于约翰先生的回答“还是不能抽”之中隐含的那个判断：在家里就不能抽烟，因为受妻子“管制”；现在如同在家里一样，自然还是不能抽了。这个结果一出现，使大家一下子就看清了约翰先生“妻管严”的形象，那种夸张的无可奈何的神态惟妙惟肖，令人忍俊不禁。

总之，即使要让他人认识到错误，目的不在于批评，而在于指正，正话反说则是更好的暗示方法，更能让对方心知肚明。

用委婉暗示代替正面批评，让对方认识到不足

生活中，我们与人打交道，经常会遇到一些不便直言的问题，比如，批评对方，如果不顾对方感受和情绪，把自己的想法强加给别人，不仅起不到预想的效果，还会恶化彼此之间的关系。此时，你可以利用言语暗示来传递一些信息，暗示所采取的方式可以是含蓄的语言，但只要对方能够明白你所表达的意思，那么暗示他人心理的目的就达到了。通过大量事实证明，暗示比直言快语更能凸显出表达效果，因为它所表现出来的婉转曲折，总是给人以愉快的心情。

我们来看看玛姬·贾可布太太是怎样让那些行为懒散的建筑工人养成良好事后清理好习惯的。

贾可布太太请了几位建筑工人来加盖自己的房间，刚开始几天，每次贾可布太太回家的时候，她看到被弄得乱七八糟的院子和四处可见的木头屑时，确实有点生气。但是他并没有直接表达出来，因为这些工人技术确实不错，贾可布太太不想让工人们产生反感的情绪而影响工作，所以她想到了一个解决的

办法。

这天，等工人们离开后，她叫来孩子们，大家一起把那些木屑清理干净，然后堆在院子的角落里。第二天早上，当工人们来开工的时候，她把工头叫过来，对他说："你们昨天离开之前把这些木屑清理得那么干净，我很高兴，这样那些邻居们终于不跟我抱怨了。"从那天以后，工人们每天在完工之后，都会主动把那些木屑堆到院子的角落里，工头也会监督这些工人每天这样做。

从这则故事中，委婉间接地指出别人的过失，要比直接说出来要温和得多，而且，还不会让别人产生反感的情绪。

心理学专家研究表明：每个人内心都希望人格得到别人的尊重，即使是犯了错误也不例外。这时候，倘若能委婉一些，把尊重传达出去，别人内心多会因为感激而顺从，而不是因为不满而对抗。因而，在表达批评的时候，要委婉一些，避免激起对方的逆反心理。

很多后备军人在接受训练期间，都对一件事感到十分烦恼——理发。他们认为自己并不是正规军，只是普通的老百姓，也就不想理发。对待这个问题，一级上士哈里·凯撒很有办法。一次，他正好奉命去训练一批后备军官，按照从前的军队管理法，对待那群士官，他大可以直接勒令他们去理发，或者恫吓，但他并没有这样做，而是采取了迂回劝导的方法，很轻松地达到了自己的目的。

他这样对这群士官说："今天，在座的各位都是未来的领导者，现在，你们是如何被领导的，在将来也要怎样去领导别人，我想大家都知道在军中关于头发长短的规定。不管怎样，等一下我就要去理发，尽管我看我的头发比诸位的还要短，诸位等一下也可以去照照镜子，假如有需要的话，我们可以安排时间到理发室去。"那么，结果怎样呢？果然，不少士官都去照镜子，然后大家一起去理了头发。

所以，假如你想说服他人的话，可以记住一点——间接委婉地指出他人的错误。

语言暗示，也就是不明说，而用含蓄的语言使人领会。在日常生活中，很多时候我们都无法直接表达自己的想法，这时候就需要暗示来表达，于是就出现了一语双关、含沙射影、指桑骂槐等旁敲侧击的艺术性语言。那么，在表达意见的时候，如何才能做到委婉一些呢？

1. 委婉表达，回击他人的恶意攻击

在日常交际中，直接辱骂别人，听者当然很容易就能听出来。但如果对方是利用暗示语言来侮辱人，我们就更应该注意了，这时不仅要善于听出别人的恶意，还应该“以其人之道还治其人之身”。比如，安徒生戴了一顶破帽子，过路人取笑：“你脑袋上边那个玩意是什么？能算是帽子吗？”安徒生随即回道：“你帽子下面那个玩意是什么？能算是脑袋吗？”

2. 暗示拒绝

有的人喜欢用暗示来投石问路，这时你也可以用暗示来拒绝对方。比如，面对老乡借宿的请求，李先生这样暗示拒绝：“城里比不了咱们乡下，住房可紧了。就拿我来说吧，这么小的屋子居然住着三代人……你们大老远地来看我，不该留你们在我家好好地住上几天吗？可是没有办法啊！”老乡只好知趣地走了。

3. 暗示自己的不满

有时候，面对他人的错误，我们最好以双关影射之言来暗示他，迫使对方意识到自己的错误。比如，顾客发现汤里有一只苍蝇，巧妙暗示老板：“对不起，请您告诉我，我该怎样对这只苍蝇的侵权行为进行起诉呢？”

生活中，我们即使对他人有意见，也要委婉指正，说得太直接会伤到他人的面子，这样他会对你产生反感。话说得太直接只会伤害自己和他人之间的友谊。

用赞赏代替批评，暗示对方的错误情有可原

林肯说："人人都喜欢受人称赞"，"人类本质中最殷切的需求是渴望被肯定"。人类与生俱来就有一种正常的心理防卫机制。现在我们来假想一下，如果我们自身是被批评的对象，当自己受到批评的第一刻，往往也会有这样的第一反应："我真的错了吗？"紧接着，我们在内心深处就会开始找理由为自己辩解。即使批评者苦口婆心地劝说，我们也不可能听进去，而如果对方先对我们进行一番赞赏，肯定我们的行为，那么，我们就会得到这样一个暗示："虽然这件事我的出发点是好的，但确实做错了。"那么，我们接受错误所花的时间与精力将会相对减少很多。

梁静在一家珠宝公司的企划部上班，她做事认真，为人也很耿直，为此，也得罪了不少领导。和她同时进公司的刘颖进了公司的销售部，但因为一件事，刘颖进了公司总部，成了梁静的上司。

那天，在每月的例会上，宣传部部长决定："为了促进公司新款珠宝的发售，我决定加大宣传力度，这月月末在本市的水上乐园举行一次大型展览，希望大家努力办好这次展出。"梁静一听，觉得荒谬之极，她本来就觉得这个宣传部长太专制，什么事都喜欢自作主张，也不和其他人商议。这一点，她看不惯已经很久了。她性格太直，当着众人的面，就回了宣传部长一句："您这太草率了吧，都不做市场调查吗？这可关系着我们公司下半年的销售额和资金的运转！"梁静这些话脱口而出。当时，会场上的很多人都屏住了呼吸。

"你知道什么，等你坐到宣传部长的位子再说！"说完，宣传部长气急败坏的离开了会议室。

但令梁静奇怪的是，那月的水上公园展览居然没有办，而自己的好朋友刘颖也爬到了宣传副部长的位子。原来，当时在会上，刘颖也很不同意部长的做

法，但是她并没有在会上指出来，而是等开完会，对部长道出了事情的利害关系：“我一直都很佩服您，您做事一向都很有魄力，但这次推出的是我们公司今年的主打产品，水上乐园去的一半都是一些孩子，这么昂贵的奢侈品并不怎么适合在那展出，到时候做了无用功就不好了。”部长一听，说的没错，并向总部推荐刘颖担任副部长，成为自己的左右手。

针对同一件事，两种不同的说话方式，导致了不同的结果和职业命运。有时候，说话不能太诚实就是这个道理。面对领导的错误决定，梁静开门见山的提出了反对意见，让领导在众人面前下不来台，一个领导的尊严受到了伤害，自然会很生气。而相反，刘颖的做法明显好得多，先赞美领导，肯定了领导果断的行事作风，这至少让领导觉得自己的能力是被肯定的，这样，在听取意见的时候，也自然比较容易接受。

心理学家研究表明：在人的内心，存在一个自我评价的机制，所以，一旦犯了错误，这一错误就会启动，就会感受到良心的谴责，而此时更希望获得的是别人的原谅和理解，这样，他们能迅速建立起正确的思维和行为模式等。为此，面对他人的错误，我们不要直接批评，而是先肯定对方行为中正确的部分，对方就会感受到被尊重，也会自行认识到错误。反过来，你的指责会引起对方内心的抵触和对抗，还有可能在逆反心理的作用下，继续坚持自己的错误。这与批评教育的目的大相径庭。因而，在表达批评的时候，点到为止即可。

其实，人际交往中，批评别人，如能运用心理暗示的方法，往往能取得事半功倍的效果。而如果对倾听者不加分析，批评就会遇到重重阻力。那么，我们该怎样做呢？

1. 注意自己说话的态度

假若你劈头盖脸地批评对方，那么，这无疑是火上浇油，你会使对方迁怒于你。所以劝服别人一定要注意自己说话的态度，真诚恳切而又平心静气地向对方陈述，使对方信任你，才有可能说服对方。

2. 掌握火候，不要在刚开始就讨论对方的错误

如果一开始我们就反对对方，那么，对方只会产生逆反心理；而反过来，如果我们站在对方的角度说话，先肯定他，或者讲些对方愿意听的话，共同点找到后，你在表达自己的观点时，对方会更容易接受。

3. 切莫让对方先入为主

如果在开始说话前，对方就已经对你树立起了警戒心或者对立的态度，那么，让对方接受批评指正的难度自然就会加大，所以我们应当一边巧妙地疏导和松懈对方的戒心，一边小心地辅以适当的劝服，这样对方就比较容易接受。

总之，我们要对对方进行一番了解，当正面批评容易使对方产生对立情绪时，不妨采用迂回方法：或退一步，或从侧面，或步步为营，要先肯定对方可取的部分，然后暗示出对方的错误也是情有可原的，从而让对方在不知不觉中接受你的意见。

用鼓励代替指责，暗示对方要有信心

生活中，在很多场合下，我们需要批评他人，批评不是目的，只是方法，目的是为了指正对方，让对方做的更好。为此，我们若希望对方接受我们的批评指正，可以用鼓励代替批评，以此暗示对方："你要有信心，你会做的更好。"心理学家研究表明：当一个人被人批评的时候，往往会内心恐惧和担忧，还会因此而怀疑自己，容易产生自卑的心理，不利于更好的改变。相反，当受到鼓励的时候，内心的恐惧和担忧会慢慢的消除，让对方在对自己深信不

疑的前提下，保持继续进步和努力。可见，在一个人犯错的时候，鼓励要胜于批评。

一位年过四十的大龄男马上要结婚了，他的未婚妻劝他学一些已经过时的舞蹈功课。对此，他告诉他的朋友：“我能保证，我真想学跳舞的功课，因为我发现当我翩翩起舞的时候，还和我二十多岁的时候差不多。我先后请了两位老师，也许我的第一位老师说的都是实话，但却真的打击了我的自信心，她说我所有的动作都是错误的，我要将一切都忘记，重新来过。但是我真的没有动力继续下去，所以我最后选择了辞退她。后来又来了一位教员，也许她说的是假话，但是我却很喜欢她。她很平静地告诉我，虽然我跳舞时的一些动作已经赶不上潮流了，但好在基本功很扎实，最重要的，她让我相信一点——我不用花费很多时间就能学习几种新的舞步。第一位教师把着重点放到了我的错误上，而这位教师则不断地称赞我做的事，弱化我的错误，让我找到了自信心。后来，她还告诉我：‘你是一位天生的舞者。’现在，我也常对自己说，以前我会认为即便是努力练习，我也只能是一个末等的舞者，但是在我内心，我喜欢第二位教师的说法——也有可能她说的是真话。的确，对于第一位教员，我对她付过钱的，为什么她要把那些伤人的话说穿呢？”

“不管怎样，如果第二位教员没有告诉我，我是一位天生的舞者的话，那么，我想我肯定很难有什么进步，她鼓励了我，让我看到了我能学好的希望，并使我不断进步。”

可见，对待你的家人、丈夫、孩子或者其他的任何人，指责他们在某一方面太愚钝，他们没有天赋或者做错了……那么，这样就等于打消了他要做好某件事的动力；如果你能运用完全不同的办法，宽容和鼓励他人，让他感觉做好某件事情似乎没有那么难，让他产生自信心，他的才能就会被激发出来，为了不让你失望，他会努力练习的。

心理学专家解释了这种现象：当人在犯了错误之后，担心会受到外界的批评而心生恐惧，同时，也因为遭受了挫折，感到委屈。在这种复杂的情绪之下，指责只能使恐惧变多，委屈变大，相反，鼓励则能让恐惧变少，委屈变小。这就是为什么两个老师采取的方法不一样，结果却有不同的表现。基于人们的这种心理，在表达批评的时候，不妨用鼓励代替指责，则能收到更好的效果。

生活中，这样的例子非常的多。这天，女儿正在专心致志的练习书法。爸爸走过来看了一眼，抚摸着女儿的头，说："很不错，继续努力。"听到这话以后，女儿的心里美滋滋的，练起字来更加的认真仔细了。过了几分钟，妈妈凑上来看了一眼，说："真难看，你都二年级了，字写的这么难看，我是你这么大的时候，字写的可漂亮了。"女儿很不高兴，她嘟囔着说："爸爸都说我写的好看呢。"妈妈笑着说："那是因为你爸爸怕你不高兴，才这么说的。"女儿生气的把笔一扔，说："我不写了。"同样是对女儿的指导，爸爸用了鼓励的方式，妈妈用了批评的方式，结果截然相反。可见，用鼓励的言语去批评别人能更好的达到改变的目的。

那么，究竟如何用鼓励的言语去批评对方呢？

1. 肯定其积极的态度

不管对方是犯了错误，还是失败了。别人的努力付出是抹杀不掉的。这时候，与其去指责别人，倒不如肯定对方的积极态度，让他更加有信心。比如：代表班级参加比赛的同学没有拿到名次，不要怪罪他能力不行，而要肯定他的努力付出。这样，对方内心的愧疚和难受也会得到适当的减弱。

2. 表达你对对方所寄托的希望

尽管别人的表现与你期望的还有一段距离，但这时候不要指责别人，在对对方肯定的同时，把你的希望和寄托说出来，让对方明白自己还有多远的距离。比如：孩子的字写的很难看，你与其指责，不如说："你已经写的不错了，要是再耐心一些，认真一些，效果会更好。"这样，你的鼓励会让孩子更加的有信心。

3. 为对方描绘一幅蓝图

很多时候，我们之所以不懈的努力，是因为我们对自己的优秀深信不疑。当对方做错了事情，或者是遭遇到了挫折。与其批评指责，不如告诉他，他是个了不起的人物。这样，别人的心里会重新燃起熊熊烈火。

事实证明，信心对一个人的成功有非常重要的作用。关键时候，不妨为对方描绘一幅蓝图，让他对自己充满信心。

参考文献

[1]何运燕.心理学与心理暗示[M].北京：中国法制出版社，2016.

[2]杨超.FBI心理暗示术[M].北京：中华工商联合出版社，2012.

[3]龙春华.每天懂点心理学[M].北京：中国华侨出版社，2015.

[4]（法）埃米尔·库埃.心理暗示力[M].北京：中国华侨出版社，2013.

[5]（法）库埃.超级心理暗示术[M].卫青，编译.武汉：武汉大学出版社，2012.